数据 Data Science
科学 Second Edition 第2版

朝乐门 编著

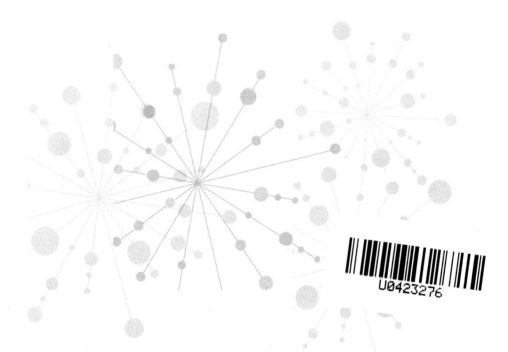

清华大学出版社
北京

内 容 简 介

本书是一部系统阐述数据科学理论与实践的入门教材，内容与时俱进，联系实际，致力于将最新的数据科学动态、国内外名校的教学经验，以及当前社会对数据科学人才的需求整合到内容中，同时融入思政教育内容，彰显中国特色。

本书共 7 章，主要内容包括数据科学的术语与理念、流程与活动、方法与技术、社会及人文、产品与产业、人才与职业发展以及应用与实践等，旨在实现理论与实践、基础知识与前沿技术、学术研究与实际应用之间的有机融合，使之成为一部既实用又富有前瞻性的数据科学教材。

本书适合作为高等学校数据科学与大数据技术、大数据管理与应用、计算机科学与技术、统计学、工商管理、信息管理与信息系统、商业分析等多个专业本科生数据科学课程的教材，也可供数据科学从业人员参考使用。

本书封面贴有清华大学出版社防伪标签，无标签者不得销售。
版权所有，侵权必究。举报：010-62782989，beiqinquan@tup.tsinghua.edu.cn。

图书在版编目（CIP）数据

数据科学 / 朝乐门编著 . —2 版 . —北京：清华大学出版社，2024.6
ISBN 978-7-302-66213-6

Ⅰ.①数… Ⅱ.①朝… Ⅲ.①数据处理 Ⅳ.①TP274

中国国家版本馆 CIP 数据核字（2024）第 086733 号

责任编辑：刘向威　薛　阳
封面设计：文　静
责任校对：王勤勤
责任印制：沈　露

出版发行：清华大学出版社
　　网　　址：https://www.tup.com.cn，https://www.wqxuetang.com
　　地　　址：北京清华大学学研大厦 A 座　　邮　编：100084
　　社 总 机：010-83470000　　邮　购：62786544
　　投稿与读者服务：010-62776969，c-service@tup.tsinghua.edu.cn
　　质 量 反 馈：010-62772015，zhiliang@tup.tsinghua.edu.cn
印 装 者：三河市天利华印刷装订有限公司
经　　销：全国新华书店
开　　本：210mm×260mm　　印　张：13.75　　字　数：327 千字
版　　次：2016 年 8 月第 1 版　2024 年 6 月第 2 版　　印　次：2024 年 6 月第 1 次印刷
印　　数：1～1500
定　　价：59.00 元

产品编号：105251-01

第 2 版前言

很高兴有这个难得的机会再次与您见面。我要向您介绍的是一本集理论、实践、创新与实用性于一体的全新修订版教材——《数据科学》第 2 版。

本书是我国首部系统阐述数据科学的理论、方法、技术、工具、应用和实践的教材。自 2016 年第 1 版问世以来，受到广大读者和专家的一致好评，是他们的鼓励使本书得以再次呈现于世，以满足更多读者对于数据科学深度与广度的追求与学习。

本书入选中国人民大学"十四五"规划教材；配套建设课程"数据科学导论"先后荣获国家级一流本科课程、国家精品在线开放课程、北京市高等学校教学创新大赛一等奖、教育部产学合作协同育人项目优秀案例项目、中国人民大学课程思政示范课程等多项荣誉；编者先后荣获数据科学 50 人、IBM 全球卓越教师奖、CSC-IBM 中国优秀教师奖教金等荣誉。

编者汇聚了十余年的教学经验与教材打磨的精华，始终坚持个人的教学理念——"打开思路、奠定基础、增强信心和培养兴趣"，呈现给读者一部全面、系统、富有前瞻性的数据科学入门教材。本次修订工作主要涉及三方面：一是全面升级内容，新内容全景展示了数据科学领域的最新理论和实践进展；二是重新设计结构，新结构更加符合数据科学导论类课程教与学的需要；三是改进编写方法，新方法提升了教材的可读性和使用性，确保带给读者更好的阅读体验。新版教材不仅实现了与国际一流大学相关课程和教材的对标，而且更富有中国特色，注重国内教材和课程的思政建设。在内容上，它融合了最新的数据科学动态和实际需求，强调了实践应用与实用性，致力于为学生提供系统性、全景式的数据科学理论与实践解读。本书专注于呈现数据科学的核心理论知识，深入探讨了数据科学的实际应用及其在多个领域的典型应用案例，以前瞻性和实用性为核心，旨在为学生提供最具价值和实际应用的学习体验，并助力他们全面、深入地理解和掌握数据科学。

本书能够顺利出版，要感谢广大读者和专家学者的支持，尤其要感谢中国人民大学各级领导和清华大学出版社的大力协助。在本书的编写过程中参考和引用了大量国内外文献资料，特此向有关作者表示感谢。虽然尽可能地标注了出处，但也难免有所疏漏，期待读者多提宝贵意见。

希望本书能进一步帮助广大读者打开数据科学的大门，同时也希望更多同行加入到数据科学的教学与研究中来，一同推动这个年轻而充满活力的学科不断发展壮大。

衷心感谢您的支持与陪伴，愿您在阅读本书的同时，能够获得知识与智慧的双丰收！

朝乐门

2023年国庆节于中国人民大学静园

第 1 版前言

数据科学已成为领域专家必备的知识和能力之一。如今，几乎所有的专家都在谈论大数据，但是部分"专家"并不是真正懂得大数据及其背后的科学——数据科学。在国内，数据科学的系统性研究仍属空白，人们只知道需要学习这门新兴科学，但并不知道如何学习。为此，本书：

- 是我国最早的系统阐述数据科学的专著之一；
- 以"经典理论 × 最佳实践"为编写思路，吸收了国内外重要的研究进展与实践经验；
- 提出了数据科学的理论体系，而不是现有文献的简单汇编；
- 加入了作者的创造性研究工作；
- 利用三年时间精心撰写的图书。

但是，学习数据科学确实存在一定的"难度"。就数据科学的理论基础——统计学、机器学习和可视化分析学而言，很多读者，尤其是社会科学领域的读者，很容易对其产生"恐惧感"或"距离感"。为此，本书：

- 以"最深奥的理论 ⇔ 最简单的逻辑"为编写思路，深入浅出，力争做到"阅读障碍的最小化"；
- 以"导读"形式给出学习建议；
- 以"图表"形式揭示数据科学中的重点知识；
- 以"脚注"形式解释读者容易曲解或需要深入了解的难点；
- 以"实用性"为内容选择的重要标准，不断给读者带来学习的"成就感"；
- 以"培养兴趣和信心"为撰写宗旨，并非停留在介绍知识和信息层次。

学习数据科学需要注意理论与实践相结合。数据科学与其他传统科学的重要区别之一在于其与实践经验的耦合度高，读者不仅需要具备扎实的理论功底，而且应具有熟练的操作能力。为此，本书：

- 以"理论精讲 + R 编程"为编写思路，协助读者提升理论联系实践的能力；
- 在"案例分析"部分提供了两个不同的案例——最佳实践和 R 编程，

供读者选择性阅读；
- 以"独特的 R 代码注解"和"R 编程中的常见问题解答"的方式，帮助读者快速掌握 R 编程；
- 在"习题"中给出的问题不是课程内容的低级重复，而是帮助读者提升理论联系实践能力与自主学习能力；
- 在"参考文献与扩展阅读文献"中列出了相关领域的核心文献。

学习数据科学还需要注意与读者自己的领域知识相结合。数据科学与其他传统科学的另一个主要区别在于对领域知识的依赖度高。因此，学习应以"掌握面向领域的数据科学"或"发现领域中的数据科学"为主要目的，脱离具体领域的方式学习数据科学必将导致学习行为的空洞化和学习动力不足。为此，本书：

- 以"全集知识 - 领域差异性知识"为编写思路，在基本内容的设计与选择上，力争做到领域共性；
- 在学习建议和习题安排上，尽量体现出不同领域的差异性；
- 在内容细节的编写思路上，鼓励读者在自己的领域中使用数据科学知识；
- 从数据科学视角介绍机器学习、统计学、数据可视化等基础知识，而不是简单重复这些课程。

数据科学是一门快速发展的新兴学科，目前仍处于快速发展和不断演变的过程之中。为此，本书：

- 充分考虑其未来发展中"变与不变"的问题，并重点描述"不变"部分；
- 以"本章小结"方式给出相关理论的发展趋势，即未来可能"如何变"的问题；
- 以"习题"方式给出未来理论的变化趋势及新理论的获得方法，即"如何跟踪最新变化"的问题；
- 在第 1 章理论基础中给出数据科学领域的主要期刊、会议、课程、学位项目、代表人物等，以便读者跟踪学习，也是属于"如何跟踪最新变化"的范畴。

在本书的撰写过程中，参阅了大量国内外教材、专著、论文、原始数据和相关资料，虽然书中对参考文献多有标注，但也难免有所疏漏，敬希相关作者见谅，笔者在此谨表示诚挚的谢意。同时，特别感谢：

- 中国人民大学原常务副校长冯惠玲教授，中国人民大学数据工程与知识工程教育部重点实验室主任、信息学院院长杜小勇教授，信息资源管理学院院长张斌教授为本书的出版给予的大量指导与关心；

- 中国人民大学路海娟、杨倩倩、马广惠、张莹等学生参与了部分章节的校对和PPT制作工作；
- 清华大学出版社领导及编辑，尤其是刘向威博士和薛阳编辑为本书的出版付出的辛勤劳动；
- 国家自然科学基金项目（71103020）、国家社会科学基金项目（15BTQ054，12&ZD220）对本书相关研究提供的资金支持；
- 长期以来，亲人的理解与支持，本人从事基础研究，淡泊名利，他们却从不抱怨；
- 即将为本书提出宝贵意见的您，书中必有不足之处，希望不吝赐教，让我们共同为数据科学的发展做出贡献！

朝乐门

2016年5月于中国人民大学

目 录

第1章 数据科学的术语与理念 ········· 1
  1.1 关键术语 ········· 2
    1.1.1 DIKW 模型 ········· 2
    1.1.2 大数据 ········· 4
    1.1.3 数据科学 ········· 7
  1.2 核心理念 ········· 10
    1.2.1 数据驱动型决策 ········· 10
    1.2.2 数据密集型科学发现 ········· 12
    1.2.3 数据分析式思维 ········· 14
    1.2.4 数据科学向善 ········· 16
    1.2.5 概率近似正确 ········· 19
    1.2.6 数据资产化管理 ········· 19
  1.3 学科特征 ········· 21
    1.3.1 Drew Conway 数据科学韦恩图 ········· 21
    1.3.2 Jeffrey D. Ullman 数据科学韦恩图 ········· 23
  1.4 典型应用 ········· 24
    1.4.1 GFT 流感趋势分析 ········· 24
    1.4.2 Metromile 的汽车保险创新 ········· 25
  习题 ········· 27

第2章 数据科学的流程与活动 ········· 33
  2.1 数据加工 ········· 36
    2.1.1 数据大小及规范化 ········· 36
    2.1.2 缺失数据及其处理 ········· 37
    2.1.3 异常数据及其处理 ········· 38
    2.1.4 数据维度及降维处理 ········· 42
  2.2 数据管理 ········· 44

2.3 数据分析 ························· 46
2.3.1 数据分析方法 ·················· 46
2.3.2 数据分析工具 ·················· 48
2.4 数据可视化 ······················· 51
2.4.1 视觉编码与视觉通道 ············ 53
2.4.2 可视分析学 ···················· 56
2.4.3 常用统计图表 ·················· 58
2.5 数据故事化 ······················· 62
2.5.1 与数据可视化的关系 ············ 62
2.5.2 主要特征 ······················ 64
2.5.3 故事金字塔模型 ················ 67
2.5.4 EEEs 模型 ····················· 68
习题 ································· 70

第 3 章 数据科学的方法与技术 ·········· 76
3.1 人工智能 ························· 77
3.1.1 定义及特征 ···················· 77
3.1.2 主要类型 ······················ 78
3.1.3 与数据科学的关系 ·············· 80
3.1.4 主要内容 ······················ 80
3.2 机器学习 ························· 81
3.2.1 定义及特征 ···················· 82
3.2.2 主要类型 ······················ 83
3.2.3 与数据科学的关系 ·············· 84
3.2.4 常用机器学习算法 ·············· 85
3.3 深度学习 ························· 88
3.3.1 定义及特征 ···················· 88
3.3.2 主要类型 ······················ 88
3.3.3 与数据科学的关系 ·············· 89
3.3.4 常用深度学习算法 ·············· 90
3.4 大数据技术 ······················· 91
3.4.1 定义与特征 ···················· 91
3.4.2 主要类型 ······················ 93
3.4.3 与数据科学的关系 ·············· 94

3.4.4　常用大数据技术 ·· 95
　3.5　数据科学的编程语言 ·· 104
　　　3.5.1　定义与特征 ·· 104
　　　3.5.2　主要类型 ·· 105
　　　3.5.3　与数据科学的关系 ·· 105
　　　3.5.4　常用数据科学编程语言 ·· 106
　习题 ·· 110

第 4 章　数据科学的社会及人文 ·· 117
　4.1　偏见及悖论 ·· 118
　　　4.1.1　幸存者偏差 ·· 118
　　　4.1.2　辛普森悖论 ·· 119
　　　4.1.3　伯克森悖论 ·· 121
　4.2　伦理及道德 ·· 122
　4.3　隐私保护 ·· 123
　4.4　A/B 测试 ·· 126
　4.5　数据安全保障 ·· 128
　　　4.5.1　数据安全法 ·· 128
　　　4.5.2　P^{2}DR 模型 ·· 130
　4.6　解释与信任 ·· 130
　习题 ·· 134

第 5 章　数据科学的产品与产业 ·· 139
　5.1　数据产品 ·· 140
　　　5.1.1　数据产品研发的特征 ·· 140
　　　5.1.2　数据柔术 ·· 141
　5.2　数据能力 ·· 143
　　　5.2.1　关键过程域 ·· 144
　　　5.2.2　成熟度等级 ·· 146
　　　5.2.3　成熟度评价 ·· 147
　5.3　数据治理 ·· 148
　　　5.3.1　主要内容 ·· 149
　　　5.3.2　参考框架 ·· 150
　5.4　数据科学平台 ·· 152

  5.4.1 数据科学平台的类型 …… 153
  5.4.2 数据科学平台的评价 …… 154
 5.5 数据科学的产业 …… 156
 习题 …… 158

第 6 章 数据科学的人才与职业 …… 162
 6.1 数据职业的主要类型 …… 163
 6.2 数据科学家的岗位职责 …… 166
  6.2.1 以数据为中心的解决方案的提出 …… 166
  6.2.2 从海量数据中发现有价值的洞察 …… 166
  6.2.3 面向具体业务的算法/模型研发 …… 167
  6.2.4 假设检验与试验设计 …… 168
  6.2.5 数据治理与数据质量控制 …… 168
  6.2.6 数据产品的研发及基于数据的传统产品的创新 …… 168
  6.2.7 数据全流程的参与 …… 169
  6.2.8 跨部门和跨领域合作 …… 169
 6.3 数据科学家的能力要求 …… 170
  6.3.1 与数据科学直接相关的知识和技能 …… 170
  6.3.2 与数据科学无直接相关的能力要求 …… 171
 习题 …… 173

第 7 章 数据科学的应用与实践 …… 178
 7.1 业务理解 …… 179
 7.2 数据读入 …… 180
 7.3 数据理解 …… 180
 7.4 数据准备 …… 181
 7.5 模型构建 …… 183
 7.6 模型预测 …… 187
 7.7 模型评价 …… 187
 习题 …… 190

参考文献 …… 195
附录 A Python 数据分析中常用的语法要点及讲解 …… 197
附录 B 例题 R 语言版本代码 …… 205

第1章 数据科学的术语与理念

> 谁能把握大数据、人工智能等新经济发展机遇,谁就把准了时代脉搏。
>
> ——习近平

1. 学习目的

本章详细解析数据科学中的核心术语和概念,理解数据科学的基础理论,并掌握数据科学与其他学科的关联。最后,通过实际应用,学习数据科学在各领域中的应用和价值。

2. 内容提要

本章首先介绍了数据科学中的三个核心术语:DIKW(data,information,knowledge,wisdom)模型、大数据和数据科学,并深入讲解了数据科学的6个核心理念:数据驱动决策、数据密集型发现、数据分析式思维、数据的善用和可解释性、概率近似正确(probably approximately correct,PAC)、数据要素和数据资产化管理。之后,本章探讨了数据科学与计算机科学及统计学的关系,分析了Drew Conway和Jeffrey D. Ullman的数据科学韦恩图。最后,通过一系列实际案例,揭示了数据科学在不同领域的应用及其价值。

3. 学习重点

核心术语与概念:掌握DIKW模型、大数据、数据科学等关键术语的定义和内涵。

核心理念:理解数据驱动决策、数据密集型发现、数据分析式思维、数据的善用和可解释性、概率近似正确、数据要素及数据资产化管理等6大理念。

数据科学与其他学科的关系:理解数据科学与计算机科学及统计学的交叉与融合,学习Drew Conway和Jeffrey D. Ullman的数据科学韦恩图。

实际应用:分析数据科学在各领域(如健康医疗、市场营销等)的具体应用,理解其实际价值。

4. 学习难点

理解与应用核心理念:要求学生不仅要理解核心理念的理论基础,还要能够在实际中应用这些理念。

分析数据科学与其他学科的关系:学生需要深入理解数据科学与计算机科学、统计学的关联,以及各自的贡献。

实际案例分析:学生需将理论知识与实际应用相结合,理解数据科学在实际中的运作与价值。

1.1 关键术语

1.1.1 DIKW 模型

DIKW 模型是一个用于描述数据、信息、知识和智慧之间关系的概念框架。这个模型通常以一个金字塔来表示，底层是数据，上一层是信息，再上一层是知识，最顶层则是智慧。每一层都依赖其下一层，而且每向上一层，都涉及更高层次的分析和理解，如图 1-1 所示。

> DIKW 模型为数据科学家提供了一个框架，帮助他们理解数据如何转化为有价值的输出。通过这个框架，数据科学家可以专注于从原始数据中提取有意义的信息，并将这些信息转化为有价值的知识和策略。

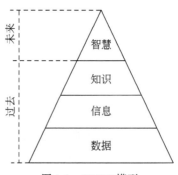

图 1-1　DIKW 模型

1. 数据

数据是通过观察、测量、实验或自动生成的原始事实和记录，通常以多种形式存在，包括文字、语音、图形、图像、动画、视频、多媒体以及富媒体等。在经过分析或解释之前，数据通常难以传达确切的含义和价值。

例如，气象站收集的温度、湿度、风速和气压读数都是与天气预报相关的数据。

> 观察，如人类观察到的社会或自然现象；测量，如传感器记录的温度数值；实验，如科学家在实验条件下获得的数据；自动生成，如通过计算模拟或大模型自动生成的数据。

2. 信息

信息与材料和能源一样，在重要性上处于相同的层次。信息被视为人类社会赖以生存和发展的三大基础资源之一。作为客观存在的资源，信息是经过组织和赋予意义的数据，用于描述各种事物、事件或概念。信息实际上是数据，特别是多条数据所反映的现实世界现象的有意义表达。

例如，将收集到的气象数据经过分析和组织后，生成的未来几天的天气预报是信息。

> 数据是未经处理的观测结果，而信息是对数据的有组织、有意义的解释和表达。

3. 知识

知识是从数据和信息中提炼出的有价值见解，包括规律、原则、经验和常识。通常根据是否可以被明确表述和有效传递，将其分为显性知识（explicit knowledge）和隐性知识（tacit knowledge）。知识是从信息中发现的共性规律、模式、模型、理论和方法等。

例如，显性知识可以是气象学中用于预测天气的数学模型，隐性知识可

> 信息是有组织、有意义的数据，而知识则是从信息中提炼出的有价值见解和理解。知识可以建立在信息的基础上，将其进一步深化和应用。

能是一名经验丰富的气象学家在解读复杂气象数据时的直觉。

4. 智慧

> 智慧是在知识的基础上，通过多种认知能力（如感知、理解、推理、判断等）形成的高级认知状态，用于创造性地应用知识、解决问题和做出决策。

智慧是基于知识，并借助人类多种能力（如感知、记忆、理解、联想、情感、逻辑、辨别、计算、分析和判断等）形成的高级认知状态。智慧是人类创造性设计、批判性思考和好奇性提问的综合体现。智慧是运用知识，并结合经验在创造性地预测、解释和发现等方面的表现。

例如，在面临极端气候事件（如飓风或洪水）的预警时，一位智慧的气象部门负责人可能会综合各种数据、信息和知识，做出及时且准确的决策，以最大限度地保护人们的生命和财产安全。

数据和数值的区别

"数据"（data）与"数值"（numerical value）在概念上是不同的。"数值"只是"数据"多种表现形态中的一种。在数据科学（data science）领域，"数据"不仅包括数值，还涵盖了字符（character）、图形（graphic）、图像（image）、动画（animation）、文本（text）、语音（voice）、视频（video）、多媒体（multimedia）以及富媒体（rich media）等多种类型，如图1-2所示。

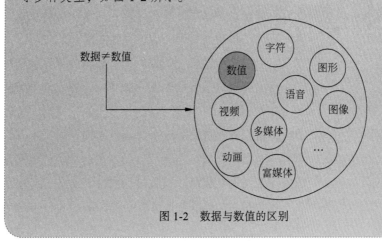

图1-2　数据与数值的区别

从结构化程度的角度出发，数据通常可分为三类：结构化数据（structured data）、非结构化数据（unstructured data）和半结构化数据（semi-structured data），具体可见表1-1。在数据科学领域，数据的结构化程度对于数据处理方法（methods of data processing）的选择具有显著影响。例如，结构化数据的管理通常可采用传统的关系数据库技术（relational database technology），而非结构化数据的管理则常常依赖于NoSQL、NewSQL或者关系云技术（relational cloud technology）。

表 1-1　结构化数据、非结构化数据与半结构化数据的区别与联系

类　型	含　义	特　征	举　例
结构化数据	可直接用传统关系数据库存储和管理的数据	先有结构，后有数据	关系型数据库中的数据
非结构化数据	无法用传统关系数据库存储和管理的数据	没有（或难以发现）统一结构的数据	语音、图像文件等
半结构化数据	经过一定转换处理后可用传统关系数据库存储和管理的数据	先有数据，后有结构（或较容易发现其结构）	HTML、XML文件等

（1）结构化数据：该类型数据遵循"先有结构，后有数据"的原则生成。通常，"结构化数据"主要是指在传统关系数据库（relational database）中捕获、存储、计算和管理的数据。在这类数据库中，首先需定义数据结构［例如，表结构（table structure）、字段定义（field definitions）、完整性约束条件（integrity constraints）等］，随后严格按照预定义的结构进行数据的捕获、存储、计算和管理。当数据与预设的数据结构不一致时，需要进行相应的数据转换处理。

（2）非结构化数据：这类数据没有统一的结构，或者统一结构难以被明确识别。即这些数据在未定义结构的情况下，或未按照预定义的结构要求进行捕获、存储、计算和管理。通常，这类数据无法在传统关系数据库中直接存储、管理和处理，如各种格式的办公文档、文本、图片、音频或视频。

（3）半结构化数据：这种数据介于完全结构化数据［例如，关系型数据库、面向对象数据库（object-oriented databases）］和完全非结构化数据（例如，语音、图像等）之间。HTML、XML等数据结构与内容的耦合度高，需进行转换处理后方可识别其结构。

目前，非结构化数据的占比最大，绝大多数的数据或其中的绝大部分属于非结构化数据。因此，非结构化数据已成为数据科学研究的重要对象之一，这也是它与传统数据管理（traditional data management）的主要区别之一。

1.1.2　大数据

> **大数据的"规范"定义**
>
> **1. Gartner 的定义方法**
>
> 大数据是指无法使用传统流程或工具处理或分析的信息，是需要新处理模式才能具有更强的决策力、洞察发现力和流程优化能力的海量、高增长率和多样化的信息资产。

第1章 数据科学的术语与理念

大数据主要指在新的技术环境，如"云计算"（cloud computing）、"物联网"（internet of things）、"移动计算"（mobile computing）与"人工智能技术"（artificial intelligence）等领域中所产生的数据。为了明确这种数据与传统数据的本质区别，学者们经常用一系列以"V"为首字母的词汇来进行描述和定义。

> **2. GB/T 35295—2017 的定义方法**
>
> 大数据是指具有体量大、来源多样、生成极快、多变等特征并且难以用传统数据体系机构有效处理的包含大量数据集的数据。
>
> **3. IBM 的定义方法**
>
> 大数据是拥有以下4个共同特点（又称为"4V"）中任意一个的数据源：极大的数据量级（volume）；以极快的速度（velocity）移动数据；极广泛的数据源类型（variety）；极高的准确性（veracity），确保数据源的真实性。

从"小数据"（small data）到"大数据"（big data）的转变标志着一系列新特征和规律的涌现。人们通常使用"3V"模型来描述大数据的主要特征，如图1-3所示。

这三种不同的定义方法反映了大数据的两个基本认识视角，具体如下。

（1）相对于传统方法和技术定义大数据的特征：这些定义方法强调大数据是相对于传统数据处理和分析方法而言的。它们认为大数据是那些传统流程或工具难以有效处理或分析的信息。这个视角强调了大数据的复杂性和挑战，因为传统方法在面对大数据时可能变得不够有效。

（2）基于Vs特征命名大数据的特征：这三个定义中都包含了"Vs特征"（4V），即volume（数据量大）、velocity（速度快）、variety（类型多）、veracity（准确性），这些特征是大数据的重要属性。这个视角强调了大数据的核心特征，即数据的规模巨大、速度快、多样性高和数据源的真实性。

大数据的实时分析是一种数据处理方法，旨在即时处理和分析大量的数据流，以获得实时的见解和结果。

图1-3 大数据的特征

1. volume（数据量）

数据量大是相对于当前计算和存储能力而言的一个概念。目前，当数据量达到Petabyte级别（PB级）或更多时，人们通常称之为"大数据"。大数据的时间分布通常不均匀，最近几年生成的数据占比最高。

2. variety（数据类型）

大数据涵盖多种类型的数据，包括结构化数据、非结构化数据以及半结构化数据。根据统计预测，未来非结构化数据的占比将超过90%。这包括各种数据类型，如网络日志、音频、视频、图像、地理位置信息等。数据类型的多样性导致了数据的异构性，从而增加了数据处理的复杂性和难度。

3. velocity（数据速度）

包括数据的增长速度和处理速度两方面。一方面，大数据的增长速度非常快，根据统计，从2009年到2020年，数字宇宙的年均增长率达到41%。另一方面，对大数据的处理速度要求也日益增高，因此"大数据的实时分析"已成为一个备受关注的话题。

需要注意的是，这些 V 的数量和定义并不是固定不变的，而是随着大数据领域研究的深入和应用的广泛而不断演进。不同的组织和研究者可能会根据具体需求和研究方向来定义更多的 V 特性。

> **大数据的 Vs**
>
> 大数据的 Vs 的数量有多个版本，主要依赖于研究和应用的上下文：
> （1）三个 V（Gartner，2001）
> volume（数据量）、velocity（数据速度）、variety（数据类型）。
> （2）四个 V（IBM，2012）
> volume（数据量）、velocity（数据速度）、variety（数据类型）、veracity（数据真实性）。
> （3）五个 V（Gartner，2013）
> volume（数据量）、velocity（数据速度）、variety（数据类型）、veracity（数据真实性）、value（数据价值）。
> 此外，一篇题为 *Fifty-Six Big Data V's Characteristics and Proposed Strategies to Overcome Security and Privacy Challenges* 的学术文章中甚至提出大数据有高达 56 个 V，这展示了大数据的复杂性以及对其安全和隐私问题的多维考虑。

大数据的核心特性并非仅是"小数据的简单集合"。相反，在从"小数据"演变为"大数据"的过程中，出现了一种名为"涌现"（emergence）的现象。涌现是指系统的整体性能或特性大于其组成元素之和，在不同的层次结构中表现出新的质量。"涌现"在大数据中有多种具体表现形式（图 1-4），包括但不限于如下内容。

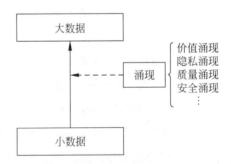

图 1-4　从小数据到大数据过程中的"涌现"现象

（1）价值涌现（value emergence）。在大数据环境下，单个的"小数据"元素可能没有明显的价值（无价值），但当这些单独的数据点合并成大数据后，其整体价值可能显著增加（有价值）。

（2）隐私涌现（privacy emergence）。单独的小数据可能不涉及敏感或隐私信息（非敏感数据），但当这些数据聚合成大数据时，可能会构成对个人隐私的严重威胁（敏感数据）。

（3）质量涌现（quality emergence）。大数据集中的单个数据元素可能存在质量问题（不可信的数据），如数据缺失、冗余或垃圾数据。然而，这些问题可能不会显著影响整体大数据集的质量和可靠性（可信的数据）。

（4）安全涌现（security emergence）。单个的小数据可能不具备安全风险（不带密级的数据），但当这些数据组合成大数据时，可能会对机构的信息安全、社会稳定，甚至国家安全构成威胁（带密级的数据）。

1.1.3 数据科学

大数据给人类带来的挑战主要体现在其与传统知识体系之间的不匹配性。具体而言，大数据在数据量、数据多样性、价值密度以及数据处理速度等方面已明显超出传统知识体系解释和处理问题的能力范围。这一现象凸显了现有知识体系的局限性，而该知识体系尚未普遍地适应这种变化。因此，解决这一不匹配问题已经成为紧迫的研究课题，并促成了数据科学这一新兴学科的诞生。

数据科学是一门交叉型新兴学科，以数据——特别是大数据为主要研究对象。该领域主要依赖于机器学习（machine learning）、统计学（statistics）和数据可视化（data visualization）等学科作为理论基础，专注于数据的加工（data processing）、计算（data computation）、管理（data management）、分析（data analysis）以及数据产品的开发（data product development）等核心活动。

从研究目标来看，数据科学旨在实现数据、物质和能量之间的有效转换。具体而言，聚焦于以下几方面：

（1）探索大数据及其内在运动规律；

（2）数据到智慧（wisdom）的转化；

（3）数据分析与洞察（data insight）；

（4）数据业务化；

（5）数据驱动型决策支持和辅助决策（data-driven decision support）；

（6）数据管理与治理（data governance）；

（7）数据产品的开发（data product development）；

（8）数据生态系统（data ecosystem）的构建。

从知识体系的角度来看，数据科学的核心研究内容包括但不限于数据科学的基础理论、数据加工、数据计算、数据管理、数据分析、数据产品开发，以及与特定领域知识的融合应用（如图1-5所示）。

图 1-5 数据科学的知识体系

从生命周期（lifecycle）的角度看，数据科学流程主要包括数据化（datafication）、数据加工、数据分析、数据呈现与应用（data presentation and application）以及数据产品的部署与运维（deployment and operations）。其中，数据化是借助物联网、移动互联网（mobile internet）、先进的生产制造设备、科学仪器（scientific instruments）以及业务信息系统（business information systems）等手段，量化并转化现实世界中的事物为数据形式。数据加工过程包括业务理解、数据理解、数据预处理（data preprocessing）和数据模态转换（data modality transformation），旨在将原始数据转化为结构化数据。数据分析环节运用机器学习算法、统计学模型和人工智能等方法，从结构化数据中提取有价值的洞见。数据呈现与应用环节则通过数据可视化、数据故事化（data storytelling）等方法，将这些洞见转化为可用的数据产品。最后，在数据产品的部署与运维阶段，数据产品被整合到实际业务和决策流程中，以解决现实世界中的数据密集型问题、实现数据驱动型决策支持，并发挥数据的生产要素作用，如图 1-6 所示。

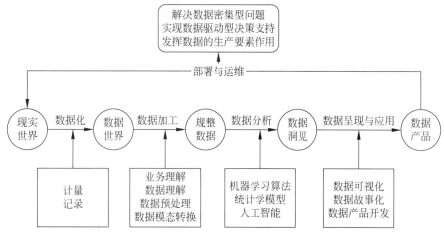

图 1-6 数据科学的基本流程

数据科学的发展可以分为三个阶段，分别为萌芽期、快速发展期和逐步成熟期。就目前而言，数据科学领域已取得的主要成就如表 1-2 所示。

表 1-2 数据科学的发展阶段

指标	萌芽期 2009 年以前	快速发展期 2010—2014 年	逐步成熟期 2015 年至今
特征	（1）萌芽于统计学和计算机科学，最早受到统计学和计算机科学领域专家的关注。 （2）以数据科学的概念和重要性的探讨为主。 （3）相关成果的数量较少，但质量较高，影响深远	（1）成为统计学和计算机科学领域的热门话题，并受到社会的广泛关注。 （2）探讨数据科学的方法、技术和工具等核心问题。 （3）相关成果的数量快速增长，但质量参差不齐	（1）从统计学和计算机学科独立出来，成为一门新学科。 （2）在科学研究、产业应用、人才培养、学科建设以及数据产品开发等方面全方位系统发展。 （3）相关成果在数量、质量和类型上均有突破性进展
代表性成果	（1）Peter Naur 的专著《计算方法的简要综述》。 （2）William S. Cleveland 的论文《数据科学——拓展统计技术的行动计划》	（1）Mayer-Schönberger V 和 Cukier K 的专著《大数据——一场即将改变我们的生活、工作和思维的革命》。 （2）Schutt R 和 O'Neil C 的专著《数据科学实践》	（1）美国白宫任命 D.J.Patil 为首席数据科学家。 （2）在国外，数据科学专业本科学位项目已超过 5713 项；在国内，北京大学、对外经济贸易大学、中南大学首次获批数据科学与大数据技术专业。 （3）MIT 出版社和哈佛大学联合启动"哈佛数据科学评论"

1.2 核心理念

数据科学的核心理念与基本原则包括以下六点。

（1）数据驱动型决策。强调利用数据分析及模型构建来全面支持和优化决策过程，旨在实现决策的科学性和精确性。

（2）数据密集型科学发现。强调利用大量实际收集的历史数据，而非仅依赖计算任务，来推动处理和分析大型、复杂数据集时的科学发现。

（3）数据分析式思维。重视运用多种数据分析方法来深入解读、预测和解决实际存在的问题，进而提高问题解决的精度和效率。

（4）数据科学向善。在整个数据的收集、存储、分析和应用过程中，都必须严格遵循伦理原则，并确保所有数据处理活动的透明性和可解释性。

（5）概率近似正确。在进行数据分析和模型构建时，理应接受因数据不完整或存在噪声而产生的近似解或误差，展现了一种实事求是且务实的分析思维。

（6）数据资产化管理。专注于将数据视作宝贵的资产，实施有效管理并最大化地挖掘其价值，进而推动组织或企业的持续发展。

这些核心理念和基本原则不仅定义了数据科学作为学科的性质和方向，也为跨学科的应用和研究提供了有力的理论支持。

1.2.1 数据驱动型决策

1. 基本内涵

数据驱动型决策（data-driven decision making，DDDM）是一种决策制定过程，其中决策基于数据分析和解释，而非仅仅依赖于直觉、观察、经验。这种决策方法旨在利用真实的数据和指标来指导战略和操作决策，从而帮助组织拥有更好的性能和更强的竞争力。数据驱动侧重于基于真实数据进行决策和操作，而目标驱动着重于追求特定目标，决策驱动以特定决策为中心，而业务驱动则是以满足业务需求为首要任务，不同的驱动方式中主要驱动要素发挥作用的占比不同，如图1-7所示。

2. 主要特征

基于真实数据：数据驱动决策总是基于实际收集的数据和信息。

动态性：数据驱动的决策通常需要实时或近实时的数据来支持，因此它是动态的，并能适应变化。

迭代性：数据驱动决策经常需要不断的数据分析和反馈，以确保决策的持续优化。

客观性：通过依赖数据，该方法尝试减少主观偏见对决策的影响。

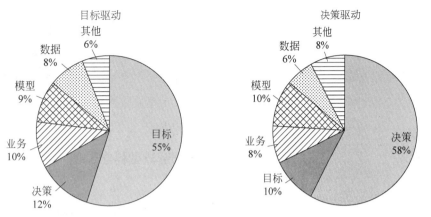

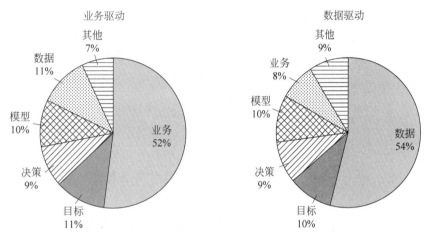

图 1-7 常用驱动方式

全面性：数据驱动决策考虑了来自多个来源的数据，为决策者提供了一个全面的视角。

3. 在数据科学中的地位与作用

数据驱动决策是数据科学的第一项指导思想与基本原则。在数据科学领域，数据驱动型决策具有重要地位，因为它确保了决策的精确性、可靠性和有效性。它帮助组织转向基于数据的文化，其中决策是基于分析和证据，而不是直觉或单纯的经验。这样的决策方法提供了更高的透明度、可持续性和可预测性，为企业创造了巨大的价值。因此，数据驱动决策不仅是数据科学的基础，而且是现代企业成功的关键。

> **数据驱动的重要性**
>
> 一项由麻省理工学院（MIT）团队在 2012 年对 330 家企业进行的调查研究揭示了数据驱动型决策的经济价值。该研究发现，在这一决策模式的应用方面处于行业前三位的公司，其生产率平均比竞争对手高

出 5%，而利润率则高出 6%。值得注意的是，即使在将劳动力、购买服务的资本［以及传统信息技术（IT）投资］等其他影响因素纳入考虑之后，这种差异仍然非常显著。这一显著差异也反映在公司的股市估值上，表明数据驱动型决策在增加企业价值方面具有不可忽视的作用。

1.2.2 数据密集型科学发现

1. 基本内涵

数据密集型科学发现是数据科学中的一个重要概念，与计算密集型应用相对应。这个原则强调数据在科学研究中的核心作用，特别是在处理和分析庞大、复杂和多样性的数据集时。这一原则将数据视为应用系统中的主要难点、瓶颈和挑战，而不是计算任务。它是科学研究的第四范式，侧重于使用大量实际收集的历史数据来驱动科学发现。

> **数据科学与计算机科学的区别**
>
> 数据科学与计算机科学在研究和应用焦点上存在根本区别。计算机科学更侧重于解决计算密集型问题，而数据科学更侧重于解决由海量、异构、动态、跨域数据带来的问题。数据科学不仅仅包括计算技术，还包括统计学、机器学习、知识发现等多个领域，从而更全面地探索和利用数据的潜力，如图 1-8 所示。

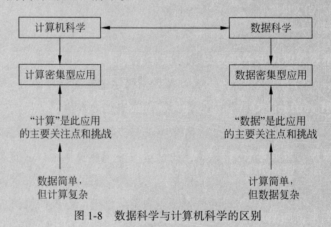

图 1-8　数据科学与计算机科学的区别

2. 主要特征

异构性：数据来自多个不同的源，有着不同的格式和结构。

动态性：数据是不断变化和演变的，需要动态地管理和处理。

跨域性：数据涉及多个不同的领域和学科，需要进行交叉融合和综合分析。

海量性：数据量巨大，需要高效的存储、管理和分析手段。

3. 在数据科学中的地位与作用

数据密集型科学发现是数据科学的第二项指导思想与基本原则。它通过利用庞大的数据集和先进的数据分析工具来推动科学发现，为解决复杂科学问题提供了全新的视角和方法，极大地拓展了科学研究的范围和深度。

数据密集型科学发现是科学研究的新范式，它侧重于从大量、复杂、多样性的数据中提取知识，为科学研究提供了新的方向和无限的可能性。在数据科学领域中，它处于中心地位，通过整合多学科的知识和技术，推动科学知识的深入发展。

> James Gray 是一位著名的计算机科学家，他在数据库和事务处理领域的研究为他赢得了图灵奖，这是计算机科学领域的最高荣誉。James Gray 也以提出科学研究的"第四范式"理论而被广泛认知，即数据密集型科学发现，它强调了大数据在未来科学研究中的核心作用。

第四范式理论

科学研究的第四范式理论由 James Gray 提出，这一理论揭示了新的、以数据为中心的科学研究范式，标志着科学研究正步入一个以数据密集为特征的新时代。这一理论的提出具有重要的意义和深远的影响，推动了科学研究的纵深发展和各学科的交叉融合，如图 1-9 所示。

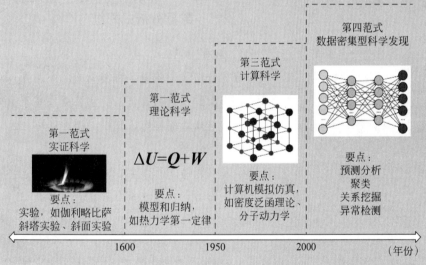

图 1-9 科学研究的四种范式

第一范式——实证科学（empirical science）主要依赖于实验和观察来获取数据。例如，伽利略通过著名的比萨斜塔实验和斜面实验，探讨了物体下落的规律，通过这种实证方法对自然界进行了解和学习。

第二范式——理论科学（theoretical science）以逻辑推理和数学建模为核心。例如，热力学第一定律，也就是能量守恒定律，是基于理论推导得出的，并通过这一理论科学的方法对自然界的运作规律进行了探索和理解。

> 第三范式——计算科学（computational science）则是依赖于计算机模拟仿真来生成数据。例如，通过密度泛函理论和分子动力学的计算模型，科学家能够在计算机上模拟复杂系统的行为，为实际实验和理论预测提供依据。
>
> 第四范式——数据密集型科学发现（data intensive scientific discovery）以大量实际收集的历史数据为基础，驱动科学发现。例如，通过分析大数据，科学家能够从大量的数据中提取信息，发现新的科学规律和知识，推动科学研究的深入发展。
>
> 从数据科学的角度看，这四个范式展现出了它们在数据运用上的核心区别。第一范式是实验条件下或经验数据的运用；第二范式则是纯理论，不依赖于数据；第三范式转向计算机模拟仿真数据；而第四范式则以真实的、大量的历史痕迹数据为基础。这种从不同范式中涌现出来的多样性和复杂性，无疑为科学研究和数据科学开辟了新的道路，展现出了无限的可能性。

> 有些专家将"数据密集型科学发现"命名为"大数据驱动的科学"（big data-driven science）

1.2.3 数据分析式思维

1. 基本内涵

数据分析式思维是一种能力或心态，强调利用数据来理解问题、发现模式、提出假设、进行验证，并最终做出基于数据的决策。它不仅仅是分析数据，还包括从数据中提炼知识，提出见解，优化决策的过程。

2. 主要特征

（1）问题导向。专注于解决实际问题，关注问题背后的实际需求和目标。

（2）好奇心。持续地探索和发掘，寻求理解数据背后的真实含义和模式。

（3）逻辑性。采用逻辑和结构化的方式来理解和分析问题。

（4）关注相关性与因果关系。不仅寻求变量之间的关联，而且探究其因果关系。

（5）基于证据的决策。在做决定时重视数据和证据的重要性。

（6）数据表达。利用图表、图像等可视化或故事化工具将复杂数据呈现为易于理解的形式。

3. 在数据科学中的地位与作用

数据分析式思维是数据科学的第三项指导思想与基本原则。数据科学的目标是通过数据洞察来生成价值，而数据分析式思维则是实现这一目标的关键。数据科学家需要采用数据分析式思维来理解问题、探索数据、提炼知识，并做出明智的决策。它使得数据科学家能够更加有效地处理不确定性、复杂性和模糊性,从而应对各种复杂的实际问题。这种思维模式也促使数据科学家不断追求新的知识和技能,保持对新技术和方法的学习和探索。

此外,数据分析式思维推广了一种基于数据的决策文化,使得更多的组织和个人能够更加科学、客观和理性地做出决策,从而推动了组织的发展和个人的成长。

> **为什么获得"Netflix 大奖"的算法没有投入使用?**
>
> Netflix 是美国最大的在线 DVD 租赁商。2006 年 10 月,Netflix 公司宣布启动一项名为"Netflix 大奖"(Netflix Prize)的推荐系统算法竞赛。该奖项高达 100 万美元,周期长达 3 年,吸引了超过 5 万名计算机科学家、专家、爱好者参与这场激烈竞赛的角逐。
>
> Netflix 大奖的主要要求很明确——"以 Cinematch(当时的 Netflix 正在使用的推荐系统)为基准,算法推荐效率至少提高 10% 才有资格获得 100 万美元的奖励"。竞赛刚开始时,大家觉得"这个 10% 的目标应该并不难",于是纷纷加入参赛队伍。但是,后来才意识到"这个 10%,简直是无法逾越的瓶颈"。直至 2009 年 6 月 26 日,一个名叫 BellKor's Pragmatic Chaos 的团队第一次达到"获奖资格",他们的成绩是"把推荐效率提高了 10.06%"。之后,按照比赛规则,Netflix 公司宣布进入最后 30 天的决赛。如果没有其他的队伍提交的算法超越 BellKor's Pragmatic Chaos 团队,那么他们就是这场比赛的最大赢家。
>
> 但是,就在决赛第 29 天,另一个叫 The Ensemble 的团队提交了自己的算法,并超过了 BellKor's Pragmatic Chaos 团队的成绩。更为戏剧性的是,Netflix 将 100 万美元大奖授予了 BellKor's Pragmatic Chaos 团队(图 1-10)。Netflix 的解释是这样的——The Ensemble 虽然在性能上略有超过 BellKor's Pragmatic Chaos 团队(图 1-11),但 BellKor's Pragmatic Chaos 团队提交的更早。
>
>
>
> 图 1-10 BellKor's Pragmatic Chaos 团队获得 Netflix 大奖

图 1-11　Netflix 大奖公测结果

但是，人们后来发现了一个更"奇怪"的现象——获得 Netflix 这个高达 100 万美元大奖的算法一直没有被投入使用。据 Netflix 高管透露，其主要原因是该算法过于复杂（注：也有人怀疑 Netflix 组织这次大赛的目的是"做营销"，真正的原因建议读者自行调查）。

1.2.4　数据科学向善

数据科学向善（data science for good）强调的是在数据科学的应用中积极寻求正面的社会影响。在数据科学中，这是一个基础原则，旨在保护个人和社会免受数据滥用和误用的潜在伤害，并确保数据驱动的决策制定是公正、公平和可靠的。

1. 基本内涵

数据科学向善关注如何利用数据科学的原则、工具和技术，来解决社会问题、推动社会正义和提升人类福祉。它涵盖了法律、伦理和道德原则，强调公平、透明、准确和负责任地使用数据，来实现积极的社会变革。

2. 基本条件

数据科学向善必须满足以下条件。

社会影响：着眼于解决具有社会意义的问题，推动公平和正义。

伦理和法律遵循：遵循相关的法律、法规和伦理标准，确保数据使用的合法性和道德性。

公平与透明：促使公平无歧视的数据应用，并提高数据使用的透明度。

可持续性与包容性：寻求长期、可持续的解决方案，并促进包容性，使所有人都能够从数据科学的成果中受益。

3. 在数据科学中的地位与作用

数据科学向善是数据科学的第四项指导思想与基本原则。它要求数据科学家不仅要关注数据和技术，还要关注他们的工作如何影响个人和社会。数据科学家被鼓励开发和实施可以帮助解决重大社会挑战的解决方案，并在他们的工作中融入正义、公平和道德。

数据的误用

1. 基本内涵

数据误用是指在数据科学和分析项目中不适当地处理或解释数据，导致对数据的误解或得出不准确的结论。

2. 产生原因

（1）不适当的数据选择。数据误用可能涉及选择了不合适或不代表真实情况的数据源。这可能会导致偏见或不准确的结果。

（2）错误的数据处理。数据在采集、清洗、转换或分析阶段可能会出现错误，例如丢失数据、重复数据或不正确的数据转换。

（3）过度解释数据。数据分析人员可能会过度解释数据，看到了不存在的关联或因果关系，这可能导致错误的决策。

（4）样本偏见。在数据采样过程中，如果样本不充分或不具备代表性，就可能引入偏见，从而影响数据的正确性和可信度。

（5）隐私问题。处理敏感数据时，不适当的隐私保护措施可能导致数据泄露或侵犯隐私权。

3. 典型案例

案例1：城市治安问题的数据误用

在某个城市的治安问题上，当地警察部门采用了一个基于历史犯罪数量的策略来派遣警力。他们的目标是根据过去的犯罪发生地点来分配警力，以预防犯罪。然而，问题出现在数据误用方面。

警察部门使用了过去五年的犯罪报告数据，这些数据包括了不同类型的犯罪事件及其在各个区域的发生情况。他们对每个区域的历史犯罪数量进行了统计分析，然后根据这些统计数据来分配警力。

然而，数据误用的关键在于他们未考虑到警力的分配也影响了逮捕数量。因此，一些地区可能由于警力不足而导致逮捕数量较低，尽管实际犯罪率可能较高。另一些地区可能由于警力过多而导致逮捕数量较高，但并不一定实际犯罪率高。这个误用导致了警力资源的不合理分配,可能让一些高犯罪率地区没有得到足够的关注,而过多关注了一些相对较安全的地区。

案例2:简历自动筛选系统的性别偏见

一家大型科技公司开发了一个自动筛选简历的系统,以帮助筛选合适的候选人。系统被训练为通过分析简历中的关键词和术语来预测候选人的适用性。然而,随着时间的推移,公司注意到系统似乎存在性别偏见。

详细分析后发现,该系统在识别与女性相关的词汇时表现不佳。例如,当简历中包含诸如"女子足球俱乐部"或"女性工程师协会"的术语时,系统会降低这些简历的评分。这导致了明显的性别偏见,女性应聘者的简历往往排名较低,从而减少了她们被面试的机会。

进一步的分析揭示了这一问题的原因,即在系统的训练数据中,由于历史数据中男性占多数,系统倾向于将与男性相关的词汇视为积极因素,而将与女性相关的词汇视为消极因素,这种偏见是因为数据误用而产生的。

4. 应对方法

(1) 仔细审查和选择数据源。在项目开始阶段,仔细审查和选择合适的数据源,确保数据质量和代表性。了解数据的来源、采集方式和潜在偏见是关键所在。

(2) 数据清洗和质量控制。实施有效的数据清洗和质量控制流程,以检测和纠正数据中的错误或异常值。这包括识别和处理缺失数据、异常值和重复数据。

(3) 透明度和审查。提供数据处理和分析的透明度,允许其他人审查和验证分析结果。文档化数据处理步骤和方法,以便其他人可以重现和理解分析过程。

(4) 多样性和包容性。在数据科学团队中促进多样性和包容性,以减少潜在的偏见和误用。多样性团队能够提供不同的观点和检查数据处理中的潜在问题。

(5) 采用A/B测试。在特定情况下,采用A/B测试是避免数据误用的有效方式。通过将数据科学模型或决策与对照组进行比较,可以评估模型的性能,确保不会引入偏见或不公平性。

(6) 隐私保护。在处理敏感数据时,采用适当的隐私保护措施,确保合规性和数据安全。这些措施包括数据脱敏、加密和访问控制。

(7) 持续监控和改进。在项目生命周期中持续监控数据和分析过程,及时纠正错误或偏见,并不断改进数据处理方法和模型。

1.2.5 概率近似正确

1. 基本内涵

概率近似正确（probably approximately correct，PAC）是一种学习理论框架，由 Leslie Valiant 于 1984 年提出。概率近似正确理论的核心观点是：对于一些学习任务，很难得到一个始终正确的学习算法，但我们可以寻求一个在大多数情况下近似正确的算法。换句话说，我们可以接受一个模型，在一定的概率下，其预测与真实答案仅存在一个小的偏差。

2. 主要特征

（1）概率性（probabilistic）。PAC 模型的预测不总是正确的，但在一个指定的高概率（例如，95% 的概率）下它是正确的。

（2）近似性（approximate）。即使在最佳情况下，PAC 模型的预测也可能与真实值有一个小的偏差（例如，误差范围内）。

（3）依赖于复杂性和样本量。为了满足 PAC 条件，所需要的样本数量通常依赖于所学习概念的复杂性。通常，更复杂的概念需要更多的样本。

（4）评估泛化能力。PAC 学习的目标是找到一个具有良好泛化能力的模型，即该模型不仅在训练数据上表现良好，还能够在未见过的数据上进行准确预测。

> 模型的泛化能力指一个数据分析模型对于未见过的新数据的适应能力和性能表现，即模型在新数据上的准确性和可靠性。

3. 在数据科学中的地位与作用

概率近似正确是数据科学的第五项指导思想与基本原则。PAC 理论进一步说明，在数据科学领域，所追求的"答案"通常不是绝对的或确定性的。相反，这些答案更多的是概率性的和近似的，它们在给定的置信区间或误差范围内是可接受的。这种理解方式对于评估算法性能和模型可靠性有重要意义，特别是在面对实际问题和应用时。以图像分类（image classification）为例，一个基于深度学习算法的模型可能在大多数情况下能准确地分类图像，但仍存在一定的误差范围和不确定性。这种近似正确性是模型泛化能力（generalization）的一个重要指标，也是算法设计与评价中需重点考虑的因素。

1.2.6 数据资产化管理

1. 基本内涵

数据资产化管理是一种管理策略，它将数据视为企业或组织的重要资产，而非仅仅是一种运营资源。这种管理策略注重发现和提升数据的价值，强调数据的安全性、质量、可用性和一致性，同时也关注数据的法律权属和市场交易性。数据资产化管理的目标是通过有效管理数据，激发数据的潜在

> "资源"（resource）通常指的是可用来产生价值的有形或无形的物品或能力，通常需要管理和维护，而"资产"（asset）是具有经济价值且能带来未来收益的所有权，通常在财务和法律上都有明确的权益保障。

价值，推动组织的业务发展和创新。

以社交媒体数据为例，单一的用户行为数据，如点赞、评论或分享，可能本身并没有直接的经济价值。但当这些数据聚合起来，就可以揭示消费者的喜好、趋势和习惯，为企业带来巨大的市场机会。这使得社交媒体数据不仅具有原始数据的价值，而且具有通过分析和挖掘而产生的潜在商业价值。此外，这些数据也受到法律的保护，确保数据的拥有者和用户的权利不被侵犯。同时，数据经常在不同的平台和企业之间进行交易，体现了其市场交易的属性。这种复杂的价值构成，使得数据被视为一种宝贵的"资产"。

2. 主要特征

（1）多维度属性。数据具有劳动增值、法律权属、财务价值和市场交易性等多维度属性，如图 1-12 所示。

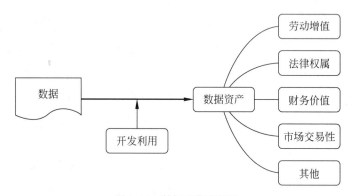

图 1-12　数据的资产属性

（2）价值发现。通过数据资产化管理，组织可以发现和提升数据的潜在价值，实现数据的商业化和市场化。

（3）法律保护。数据的权属和使用受到严格的法律保护，确保数据的拥有者和用户的权利不被侵犯。

（4）安全与质量。数据的安全性和质量是数据资产化管理的重要组成部分，强调数据的准确性、完整性和一致性。

（5）战略地位。数据资产化管理在组织的战略决策中占据重要地位，影响组织的业务发展和运营管理。

3. 在数据科学中的地位与作用

在数据科学领域，数据资产化管理占据了核心地位。数据科学通过运用各种理论、方法和技术，深入挖掘和分析数据，挖掘数据的潜在价值以及揭示内在规律。数据资产化管理为数据科学提供了理论基础和实践应用，推动了数据科学领域的发展和创新。它影响了数据科学的研究方向和研究深度，促使数据科学从不同角度探讨数据的价值、性质和用途，为数据驱动型决策提供了有力支持。

> **数据资源"入表"**
>
> 根据财政部发布的《企业数据资源相关会计处理暂行规定》,从 2024 年 1 月 1 日开始,企业在编制资产负债表时,将基于重要性原则和实际情况,在"存货"项目中明确列示"其中:数据资源"一项,以反映资产负债表日确认为存货的数据资源的期末账面价值。同样,将在"无形资产"和"开发支出"项目下分别增设"其中:数据资源"一项,以便准确反映资产负债表日确认为无形资产的数据资源的期末账面价值以及正处于研究开发阶段且符合资本化条件的数据资源的支出金额。
>
> 此规定的出台意在推动并规范数据相关企业实行统一会计准则,不仅为监管部门完善数字经济治理体系和加强宏观管理层面提供了有力的会计信息支持,而且也让投资者和其他报表用户能更加透明地了解企业数据资源的价值,从而提升决策的效率和准确性。
>
> 这一规定的实施,将更加凸显数据资源的价值,也将进一步提高企业对数据资产的认识与重视。这将激发数据市场的供需双方更加积极地参与,增加数据流通的意愿,减少无效利用的"死数据",并为企业提供更多的动力去深入研究和开发利用数据。

1.3 学科特征

跨学科性是数据科学的公认特征之一,然而数据科学到底横跨哪些学科曾是一个有争议的话题。

1.3.1 Drew Conway 数据科学韦恩图

1. 简介

Drew Conway 数据科学韦恩图是一个用于描述数据科学领域的交叉性质的图表。它将数据科学定义为三个主要领域的交集:数学与统计知识、黑客精神与技能、领域实务知识,如图 1-13 所示。该图主要显示数据科学是多个领域交叉的结果,具体来说,它是数学与统计、黑客精神与技能、领域实务知识的交叉。数据科学家不应该局限于其中一个领域,而应该具备这三个领域的综合能力。

> Drew Conway 是一位知名的数据科学家和社会科学研究者,于 2010 年提出其数据科学韦恩图。

2. 主要观点及特征

Conway 的韦恩图提出了以下观点和特征。

(1)数据科学不仅仅是理论研究,更结合了理论研究与领域实务知识。

有人将 Hacker 和 Cracker 都翻译成"黑客"，导致了人们对黑客群体的错误认识。黑客（Hacker）是一个给予喜欢发现和解决技术挑战、攻击计算机网络系统的精通计算机技能的人的称号，与闯入计算机网络系统且目的在于破坏和偷窃信息的骇客（Cracker）不同。骇客是一个闯入计算机系统和网络，试图破坏和偷窃个人信息的个体，与没有兴趣做破坏只是对技术上的挑战感兴趣的黑客相对应。因此，本书中的黑客精神是指热衷挑战、崇尚自由、主张信息共享和大胆创新的精神。与常人理解不同的是，黑客遵循道德规则和行为规范。

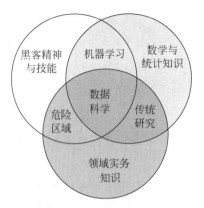

图 1-13　Drew Conway 数据科学韦恩图

（2）数据科学不仅仅关注单一学科的问题，而且涉及多个学科（如统计学、计算机科学等）的研究范畴，强调跨学科的视角。

（3）数据科学家不仅需要掌握相关的技术和理论知识，还需要具备良好的精神素质，例如创造性地做事、批判性地思考以及好奇性地提出问题（3C 精神）。

（4）数据科学家应该是一个综合型人才，不仅要精通数学、统计和编程，还需要深入了解某一特定领域的实务知识。

数据科学的 3C 精神

与数据工程师不同的是，数据科学家不仅需要掌握理论知识和具有实践能力，而且更需要具备良好的精神素质——3C 精神，即 creative working（创造性地做事）、critical thinking（批判性地思考）、curious asking（好奇性地提出问题），如图 1-14 所示。例如，美国白宫第一任数据科学家帕蒂尔（D. J. Patil）提出了数据柔术（data jujitsu）的概念，并强调将数据转换为产品过程中的"艺术性"——需要将数据科学家的 3C 精神融入数据分析与处理工作之中。

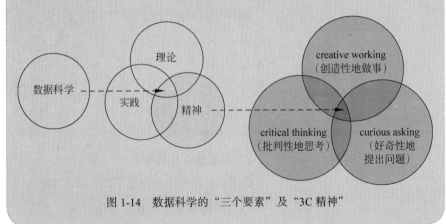

图 1-14　数据科学的"三个要素"及"3C 精神"

3. 主要贡献

Drew Conway 数据科学韦恩图在数据科学领域中有着重要的地位。它为数据科学的定义和范围提供了清晰的视角,帮助人们理解数据科学家应具备的技能和知识。它强调了数据科学的跨学科特性,以及数据科学家应该是多领域融合的综合型人才。这个模型为数据科学教育、培训和团队建设提供了有价值的指导,并被广泛接受和引用。

1.3.2 Jeffrey D. Ullman 数据科学韦恩图

1. 简介

自从 Drew Conway 发布了数据科学韦恩图之后,这个图表就引起了广泛的关注,并且出现了许多不同的版本。其中,斯坦福大学的 Jeffrey D. Ullman 教授提出的数据科学韦恩图是最具代表性的版本之一。

Jeffrey D. Ullman 教授提出的数据科学韦恩图是 Conway 数据科学韦恩图的一个重要改进。他指出,将"计算机科学"仅仅称为"黑客技能"是不精确的,因为计算机科学为数据科学提供了更全面的解决问题的算法、模型和框架。他进一步强调了机器学习在计算机科学中的重要地位,并且提出数学和统计学对数据科学的影响主要是通过软件实现而非直接交互,如图 1-15 所示。

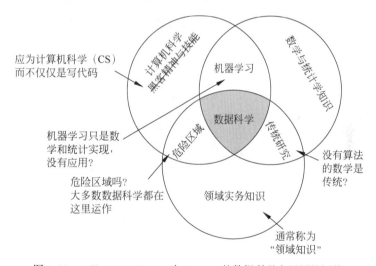

图 1-15　Jeffrey D. Ullman 对 Conway 的数据科学韦恩图的评价

2. 主要观点及特征

Jeffrey D. Ullman 数据科学韦恩图主要展示了数据科学是如何位于计算机科学与各个应用领域的交汇点的,同时强调了机器学习在这一交汇点中的重要性。数学和统计学被视为通过软件实现影响数据科学的工具,而不是与数据科学有直接联系的元素(图 1-15 和图 1-16)。

(1)强调了计算机科学在数据科学中的核心作用,并特别关注了机器学习的重要性。

(2)主张数学和统计学主要作为计算机科学中的工具对数据科学产生影响。

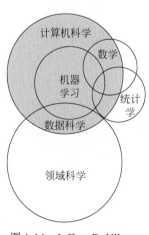

图 1-16　Jeffrey D. Ullman 数据科学韦恩图

（3）重视应用领域与数学和统计学的交互，但认为这种交互很少能直接为应用领域带来明显的好处。

（4）指出很多数据科学项目实际上都是在所谓的"危险区域"中运作。

3. 主要贡献

Jeffrey D. Ullman 的观点和修正为我们理解数据科学提供了一个更为全面和深入的视角，他强调了跨学科方法在数据科学中的重要性，并指出了数据科学与计算机科学，尤其是机器学习之间的紧密联系。

1.4 典型应用

目前，数据科学在健康医疗、新闻出版、材料科学、农业种植、市场营销、软件工程、金融保险、交通管理、公共政策研究等领域得到了广泛关注与应用。较有代表性的应用有：谷歌流感趋势分析（Google flu trends，GFT）、Metromile 的汽车保险创新、里约奥运会数据新闻、农业大数据产品 Climate FieldView 及其应用、麻省理工学院的材料基因组项目、Target 的怀孕预测指数以及 Databircks 的统一分析平台等。

1.4.1 GFT 流感趋势分析

GFT 是由谷歌于 2008 年发起的一项网络服务项目。这个项目由罗尼·齐格（Roni Zeiger）主导开发，旨在利用数据和技术辅助预测流感爆发。虽然在 2015 年 8 月 9 日，GFT 停止了实时预测发布，但其历史估计数据仍旧可以用于研究和公开参考。这里，我们将深入探讨 GFT 的工作原理、准确性、隐私保护以及它带来的关于大数据应用的洞见。

1. 搜索查询与数据采集

GFT 利用一种自动方法来发现与流感相关的搜索查询，以收集流感趋势信息。这些搜索查询是由谷歌搜索用户发出的一组完整、精确的术语，覆盖了从 2003 年到 2008 年的大量在线网络搜索查询的历史记录。

2. 数据处理与归一化

在 GFT 中，数据归一化主要目的是消除数据在不同地区和时间段内的自然波动和规模差异，从而提供更准确、可比较的流感趋势分析。这通常通过标准化搜索查询的频率来实现，即将搜索数据与某个基准（如长期平均值）进行比较，并按照这个比例调整数据，以确保不同时间和地区的数据具有可比性。

3. 准确性与集体智慧

GFT 在准确性上表现卓越，能在美国疾病控制与预防中心（CDC）报

Drew Conway 数据科学韦恩图和 Jeffrey D. Ullman 数据科学韦恩图均凸显了一点：数据科学是一个多学科交叉的领域，涉及的不仅仅是单一的技术或方法，而且需要综合运用多种知识和技能。这也解释了为什么数据科学在商业、医疗、政府等多个领域都有广泛的应用。

告流感爆发前 10 天预测到区域性流感爆发，准确率与 CDC 的数据相比高达 97%。这一成果不仅展现了集体智慧的巨大潜力，也验证了通过谷歌搜索引擎收集的数据的可靠性。

4. 隐私保护与安全性

在隐私保护方面，GFT 数据库不保留任何关于用户身份、互联网协议（IP）地址或具体物理位置的信息。所有数据处理和计算都是在计算机上自动完成的，无人工参与，从而确保了用户隐私的安全性。

5. 大数据浮夸与改进方向

虽然 GFT 在某些方面具备了较好的预测准确性，但在 2011 年至 2013 年，它对于流感发病率的预测在某些特定情况下并不准确，并且呈现出高估的趋势。专家们认为，这种不准确性主要源于"大数据浮夸"（big data hubris）的现象。这揭示了在大数据应用中，我们需要重视数据的测量、构造效度和信度等基础问题。未来，综合应用传统统计方法，并进行更多方向的优化和改进将更有利于提高预测的准确性和可靠性。

GFT 是一个展示了大数据和集体智慧在流感预测方面潜力的创新项目。尽管存在一些预测不准确的问题，但其独特的数据处理和分析方法为数据科学领域，特别是在公共卫生领域的应用，提供了重要的启示和参考价值。通过不断完善数据分析方法和结合其他实时健康数据，GFT 和类似的项目有潜力为未来的健康监测和疾病预防提供更为精准和高效的解决方案。

> "大数据浮夸"这一概念主要描述的是一种对大数据能力的过度自信或者盲目乐观的态度，即认为大数据本身可以替代所有传统的数据收集和分析方法，忽略了传统方法在某些领域和环境中的价值和重要性。

1.4.2 Metromile 的汽车保险创新

Metromile 是一家成立于 2011 年的创新型汽车保险公司，总部位于美国旧金山。与传统的汽车保险公司不同，Metromile 采用了一种基于数据科学和物联网技术的保费计算模型，旨在为消费者提供更加公平、透明、个性化的保险服务。下面将深入探讨 Metromile 的业务模型及其如何运用数据科学的核心理念来实现创新和价值最大化。

1. 数据驱动决策与个性化定价

在数据驱动决策的支持下，Metromile 打破了传统的固定保费模式，实现了个性化定价。这使得车主的保费直接与其驾驶的里程数相关联，对于驾驶里程较少的车主来说，这一模型能够带来更为公平和合理的保费。

2. 数据密集型发现与保费计算

Metromile 通过数据密集型发现和深度分析用户的驾驶数据，进一步细化了保费的计算。据公司数据显示，传统模型下，大约 65% 的车主为少数高频驾驶者支付了过高的保费。Metromile 的模型则通过基础费用与按里程变动费用的组合，实现了更加公平与精准的个性化定价。

3. 数据分析式思维与保费上限

Metromile 采用数据分析式思维，设定了合理的保费上限，以保护消费者权益。即使车主的日驾驶里程超过了 150 英里（在华盛顿地区为 250 英里），超出的部分也不会产生额外的保费，这显示出 Metromile 对用户权益的尊重和维护。

4. 物联网技术与智能服务

Metromile 利用物联网技术，要求车主安装由公司免费提供的 OBD 设备——Metromile Pulse，来实时记录和计算每次出行的里程数。此外，公司还通过手机 App 为车主提供了一系列的智能服务，如最优导航线路、油耗查看、汽车健康状态检测、车辆定位等，并会定期向车主发送详细的数据总结。

Metromile 以其独特的业务模型和先进的技术手段，展现了数据科学在现代保险业中的应用价值。该公司以数据为核心，实现了保费的个性化定价，提供了更为公平、透明的保险服务，展现了数据科学在改善传统行业中的巨大潜力。

结　语

本章中，我们系统地探讨了数据科学的核心术语、理念和其与其他学科的紧密联系，同时通过一系列实际案例，揭示了数据科学在多个领域中的实际应用及其价值。我们从 DIKW 模型的角度出发，深入探讨了大数据和数据科学的基础概念，并围绕数据驱动决策、数据密集型发现、数据分析式思维、数据的善用和可解释性、概率近似正确、数据要素及数据资产化管理等 6 大理念进行了深入剖析。在理论的基础上，通过对 Drew Conway 和 Jeffrey D. Ullman 的数据科学韦恩图的分析，我们探索了数据科学与计算机科学、统计学的交融关系。在实际应用方面，我们通过多个实际应用案例，展示了数据科学在各领域的广泛应用和巨大价值。

继续学习的建议如下。

（1）深化理论学习：为了更深入地理解数据科学的各方面，读者应深入研读相关的理论文献和学术研究，不断深化对核心术语和核心理念的理解。

（2）加强实践应用：读者应在实际项目中应用数据科学的理论和方法，通过实践加深对理论知识的理解，并提高解决实际问题的能力。

（3）跨学科学习：数据科学是一个多学科交叉的领域，读者应学习相关的计算机科学、统计学知识，掌握更多的数据处理、分析方法和工具。

（4）参与学术交流：建议读者积极参与数据科学相关的学术会议、研讨会，与其他学者、研究者交流学术观点和研究成果，拓宽学术视野，丰富学术思想。

（5）关注最新进展：数据科学是一个快速发展的领域，读者应关注该领域的最新研究动态、最新技术进展，不断更新知识体系。

习题

一、选择题

1. DIKW 模型中，哪一层代表对数据的加工和解读？

   A. 数据   B. 信息   C. 知识   D. 智慧

答案：B。

解析：在 DIKW 模型中，数据是原始的、未经加工的事实和观察结果；信息是对数据进行加工和解读后的结果，它有助于构建对环境的理解；知识是基于信息而构建的经验、概念、理论等；智慧是运用知识进行决策的能力。

2. 以下哪个选项最能代表数据驱动决策？

   A. 基于直觉做决定   B. 基于经验做决定

   C. 基于数据和分析做决定   D. 基于传统做决定

答案：C。

解析：数据驱动决策强调的是依靠数据分析和解释来做出决定，而非依赖直觉、传统或单纯的经验。

3. 在 Jeffrey D. Ullman 的数据科学韦恩图中，数据科学主要位于哪两个学科的交叉点上？

   A. 计算机科学与统计学   B. 数学与机器学习

   C. 计算机科学与机器学习   D. 机器学习与统计学

答案：C。

解析：Jeffrey D. Ullman 提出的韦恩图中强调了计算机科学与机器学习的交叉点是数据科学的主要组成部分。

4. 在数据科学的典型应用中，哪个应用是关于农业大数据的？

   A. Metromile 的汽车保险创新   B. 谷歌流感趋势分析

   C. Climate FieldView 及其应用   D. Target 的怀孕预测指数

答案：C。

解析：Climate FieldView 是农业大数据产品，它在农业领域得到了应用，帮助农民更加科学地进行种植。

5. 哪一项不是数据科学 6 个核心理念的一部分？
    A. 数据驱动决策　　　　B. 数据分析式思维　　　C. 数据安全与隐私　　　D. 概率近似正确
   答案：C。

解析：数据安全与隐私虽然在数据科学实践中非常重要，但它不是本书所讨论的数据科学 6 个核心理念的一部分。

6. 在数据科学中，DIKW 模型中的 W 代表什么？
    A. 网络（web）　　　　B. 重量（weight）　　　C. 智慧（wisdom）　　　D. 工作（work）
   答案：C。

解析：在 DIKW 模型中，W 代表智慧，它是基于数据、信息和知识形成的，代表着对知识深层次的理解和应用能力。

7. 根据 Jeffrey D. Ullman 的观点，计算机科学在数据科学中提供的主要是什么？
    A. 编写代码的能力　　　　　　　　　　B. 算法、模型和框架来解决问题
    C. 数据存储和管理　　　　　　　　　　D. 软件开发和维护
   答案：B。

解析：Jeffrey D. Ullman 强调，计算机科学在数据科学中的主要贡献不仅仅是编写代码的能力，更重要的是提供算法、模型和框架来解决各种问题。

8. 谁提出的数据科学韦恩图认为数据科学处于数学与统计学知识、领域实务知识和黑客精神与技能的交叉之处？
    A. Jeffrey D. Ullman　　B. Drew Conway　　　C. Andrew Ng　　　D. Geoffrey Hinton
   答案：B。

解析：Drew Conway 提出的数据科学韦恩图描述了数据科学位于数学与统计学知识、领域实务知识和黑客精神与技能的交叉之处。

9. 数据科学中的概率近似正确（PAC）理论是关注于？
    A. 数据加密　　　　　　　　　　　　　B. 数据可视化
    C. 数据的绝对正确性　　　　　　　　　D. 数据的概率近似正确性
   答案：D。

解析：概率近似正确（PAC）理论主要关注于数据的概率近似正确性，而不是数据的绝对正确性。

10. 在 Jeffrey D. Ullman 的数据科学韦恩图中,哪项不被视为直接影响数据科学?

    A. 计算机科学   B. 领域知识   C. 数学和统计学   D. 机器学习

答案:C。

解析:在 Jeffrey D. Ullman 的看法中,数学和统计学是作为计算机科学非常重要的工具,不会直接影响数据科学,而是通过其开发的软件实现。

11. 数据科学中"数据驱动决策"是指?

    A. 基于直觉做决定   B. 基于经验做决定

    C. 基于数据和分析结果做决定   D. 基于高层指示做决定

答案:C。

解析:"数据驱动决策"是指使用数据和分析结果来支持决策过程,而不是依赖于直觉、经验或高层指示。

12. 哪个应用属于数据科学在健康医疗领域的典型应用?

    A. 谷歌流感趋势分析   B. Metromile 的汽车保险创新

    C. Climate FieldView 的农业大数据产品   D. Databricks 的统一分析平台

答案:A。

解析:谷歌流感趋势分析是数据科学在健康医疗领域的一个典型应用,通过分析大量的搜索查询数据来跟踪和预测流感的传播趋势。

13. 在 DIKW 模型中,信息是通过对_____的处理和组织而获得的。

    A. 数据   B. 知识

    C. 智慧   D. 理论

答案:A。

解析:在 DIKW 模型中,信息是通过对数据的处理和组织而获得的。

14. 数据科学中的"数据密集型发现"主要关注于哪方面?

    A. 数据采集   B. 数据存储

    C. 数据的深度分析与洞察   D. 数据的快速传输

答案:C。

解析:"数据密集型发现"关注于利用大量的数据进行深度分析,从而获得有价值的洞察和发现。

15. 大数据的核心特性不包括?

    A. 体量   B. 速度   C. 多样性   D. 简单性

答案：D。

解析：大数据的核心特性通常包括体量、速度和多样性，而不包括简单性。

16. Drew Conway 数据科学韦恩图中，数据科学位于哪三个领域的交叉处？
    A. 计算机科学、数学与统计学、领域知识　　B. 机器学习、领域知识、算法开发
    C. 数据分析、领域知识、数学与统计学　　　D. 数据可视化、算法开发、领域知识
    答案：A。

解析：根据 Drew Conway 的数据科学韦恩图，数据科学位于计算机科学、数学与统计学和领域知识的交叉处。

17. 数据科学中，为何"实质性专业知识"（如领域知识）被视为重要？
    A. 它能够支持数据加密　　　　　　　　　　B. 它有助于更准确地解读和应用数据分析结果
    C. 它能够加快数据处理速度　　　　　　　　D. 它有助于数据的储存
    答案：B。

解析："实质性专业知识"（如领域知识）被视为重要，是因为它能够更准确地解读数据分析的结果，并且能够更恰当地应用这些结果，以便更有效地解决特定领域的问题。

18. 数据的善用和可解释性在数据科学中的重要性主要体现在哪方面？
    A. 增强数据安全性　　　　　　　　　　　　B. 确保数据质量
    C. 使非专家能够理解数据分析结果　　　　　D. 提高数据处理速度
    答案：C。

解析：数据的善用和可解释性的重要性主要在于它使得数据分析的结果可以被非专家理解，从而支持数据驱动的决策过程。

19. 在数据科学应用中，哪个例子涉及交通管理？
    A. 谷歌流感趋势分析　　　　　　　　　　　B. Metromile 的汽车保险创新
    C. Climate FieldView 的农业大数据产品　　D. 里约奥运会数据新闻
    答案：B。

解析：Metromile 的汽车保险创新涉及交通管理，通过利用数据科学，他们提供了与驾驶行为相关的保险定价模型。

20. 为什么概率近似正确（PAC）理论在数据科学中具有重要意义？
    A. 它提供了数据加密方法　　　　　　　　　B. 它为数据科学提供了统计学基础
    C. 它解释了数据科学中的实质性专业知识　　D. 它描绘了数据科学的未来发展方向

答案：B。

解析：概率近似正确（PAC）理论提供了一个统计学框架，用于理解学习算法的性质和功能，是数据科学的重要组成部分，因为它有助于量化学习算法的可靠性和效率。

二、简答题

1. 简述 DIKW 模型中每个层级的含义。

回答要点：

数据：原始未经处理的事实，如数值、日期和字符串。

信息：经过处理的数据，数据之间的关联和模式。

知识：通过分析信息得到的对于数据背后原因和影响的解释。

智慧：利用知识做出明智决定的能力。

2. 简述数据科学中数据驱动决策的含义。

回答要点：

数据驱动决策是指基于数据分析和解释来做出决策，而不是依赖于直觉或经验。

3. 为什么 Jeffrey D. Ullman 认为计算机科学不仅仅是黑客精神与编写代码的能力？

回答要点：

计算机科学还提供解决问题的算法、模型和框架，这是数据科学中解决各种问题的关键。

4. 简述数据科学中的数据密集型发现。

回答要点：

数据密集型发现是指通过大量数据来发现有价值的信息和知识，这通常涉及数据挖掘和机器学习技术。

5. 为什么数据科学中重视数据的善用和可解释性？

回答要点：

善用数据可以避免误解和偏见，使得结果更加可靠；可解释性能够帮助人们理解模型的决策依据，增强模型的可信度和可接受度。

6. 请简述数据分析式思维在数据科学中的意义。

回答要点：

数据分析式思维指的是使用分析方法来理解、解释和推断数据背后的含义。在数据科学中，它帮助科学家和分析师更加深入和全面地理解数据，发现问题和趋势，进行更为精确和科学的决策。

7. 请列举出数据科学在实际应用中的两个例子。

回答要点：

例如：（1）谷歌流感趋势分析利用搜索数据预测流感的传播；（2）Climate FieldView 的农业大数据产品帮助农民更好地管理农田和作物。

8. 简述数据科学中概率近似正确（PAC）理论的重要性。

回答要点：

PAC 理论提供了一个统计学框架，用于理解学习算法的性质和功能，量化学习算法的可靠性和效率，为数据科学提供了统计学基础。

第 2 章　数据科学的流程与活动

> 不积跬步，无以至千里；不积小流，无以成江海。
>
> ——荀子

1. 学习目的

本章旨在让学生深入理解整个数据处理流程，包括数据加工、数据管理、数据分析、数据可视化和数据故事化。通过学习，学生应能掌握各个环节的基本理念和技术，进而更加明确如何从原始数据中提取有价值的信息并有效呈现。

2. 内容提要

本章主要探讨 5 个关键主题：数据加工的基础知识和技术、数据管理的原则和方法、数据分析的核心概念、数据可视化的基本原则和方法以及通过数据故事化的 EEE 模型（engage，explain，enlighten）来优化信息传达的方式。

3. 学习重点

数据加工：理解数据加工的基本概念和流程，学会应用基础技术进行数据清洗和转换，为后续的数据管理和分析打下坚实的基础。

数据管理：掌握数据管理的核心原则和方法，确保数据的质量、完整性和一致性。

数据分析：深入学习数据分析的基本概念和核心技术，掌握如何从数据中提取有价值的信息和知识。

数据可视化：熟悉数据可视化的基本原则和方法，学会选择和应用最适合特定数据和信息的可视化形式。

数据故事化：通过 EEE 模型，学会如何结合数据、视觉表现和叙事，创作出富有吸引力和启发性的数据故事。

4. 学习难点

理解数据加工的复杂性，学会处理和转换不规则数据。

掌握数据管理的精细度，确保数据的完整性和一致性。

学习数据可视化的复杂性，平衡视觉效果和信息的准确传递。

掌握数据故事化的技艺，学会创建既吸引人又有深度的数据故事。

数据科学的基本流程涵盖了一系列核心活动,包括数据化、数据加工及规整化(data wrangling)、探索型数据分析(exploratory data analysis,EDA)、数据分析与洞见、结果呈现,以及数据产品的提供,如图2-1所示。

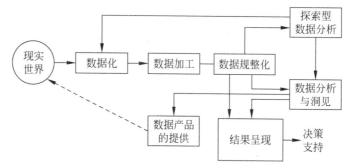

图 2-1 修改自 Schutt 和 O'Neil 的数据科学流程。

图 2-1 数据科学的基本流程

1. 数据化

数据化指的是捕获个体在生活、商业或社会各领域中的活动,并将这些活动转换为数据的过程。以 Google 眼镜为例,该设备可以将人类的视觉活动数据化;Twitter 将人们的思维动态数据化;而 LinkedIn 则是将职业社交关系数据化。近年来,由于云计算、物联网、智慧城市、移动互联网和大数据技术得到了广泛应用,数据化已逐渐成为大数据时代的关键环节,并且是推动数据快速增长的主要因素之一。

量化自我是数据化的一种。

> **量化自我**
>
> 量化自我(quantified self)是一个相对新兴的概念,主要指的是通过各种技术手段,如可穿戴设备、手机应用等,来收集关于个人日常生活的各种数据,如睡眠质量、饮食、锻炼、心率、情绪等。这一概念的核心思想是通过数据收集和分析,使人们更好地了解自己,从而做出更有信息支持的决策,提高健康水平和生活质量。
>
> 量化自我运动的支持者常常会追踪各种个人指标,并借此来达成各种目标,如提高睡眠质量、更有效地锻炼或改善饮食习惯等。这一运动鼓励个体自主、个人化地管理自己的健康和生活方式,而不仅仅依赖传统的医疗机构或健康顾问。

通过使用可穿戴设备,如 Fitbit、Apple Watch 等,人们可以跟踪自己的运动活动、心率、卡路里消耗等,以监控健康和健身进展。

2. 数据加工及规整化

数据加工及规整化是数据分析过程中的一步,也被称为数据清洗或数据整理。这个过程的核心目的是将原始、未加工或不规整的数据转换和整理成一种更适合分析的格式,从而为后续的数据分析和模型构建打下基础。该过

相对数据加工而言,数据规整化通常涵盖更广泛的活动,不仅包括数据加工中的清洗和转换,还包括重塑数据结构、整合不同来源和类型的数据,以及将数据组织成适合特定分析目的的格式。例如,它可能涉及将数据

程通常包括处理缺失值、异常值和重复值,以及数据标准化和数据类型的转换等。

3. 探索型分析

探索型数据分析是指对已有的数据(特别是调查或观察得来的原始数据)在尽量少的先验假定下进行探索,并通过作图、制表、方程拟合、计算特征量等手段探索数据的结构和规律的一种数据分析方法。当数据科学家没有足够的经验,且不知道该用何种传统统计方法对数据中的信息进行分析时,经常需要通过探索型数据分析方法达到数据理解的目的。

4. 数据分析与洞见

该阶段是基于对数据的深入理解和探索型数据分析的结果,进一步进行的数据洞察与模型构建阶段。在此阶段,数据科学家运用适当的统计模型和机器学习算法,以发掘数据中隐藏的模式、关系、相关性和趋势,从而提炼出有价值的信息和知识。数据科学家在这一阶段的主要工作如下。

(1)选择模型与算法。根据问题的性质和数据的特性,科学家需要选择合适的统计模型或机器学习算法来进行分析。

(2)模型训练与验证。数据科学家会用选定的模型和算法对数据进行训练,并通过交叉验证、模型评估等方法来确认模型的准确性和可靠性。

(3)结果解释与验证。分析得出的结果需要通过专业知识和实证验证来进行解释,以确保洞察的可靠性和实用性。

(4)提出建议与策略。基于数据分析的洞见,数据科学家会提出具体的策略建议,以辅助决策制定和指导实际应用。

此阶段的成果通常表现为对特定问题的深入理解和有益洞见,这些洞见能够支持决策制定,推动策略改进,并揭示未来研究和开发的方向。此外,这一阶段也为后续的结果呈现和数据产品的开发奠定了基础。

5. 结果呈现

结果呈现阶段主要涉及将通过机器学习算法和统计模型得到的分析结果,以清晰、直观的方式展现给最终用户。这一阶段不仅要求数据科学家精确呈现分析结果,同时也需通过数据可视化、故事化描述等方法,使非专业人士能够理解分析内容和结论。此阶段的目标在于提供决策支持,以及清晰、易理解的洞见,从而帮助用户做出更加明智的决策。

数据可视化和故事化描述是此阶段的关键环节,它们能够将抽象、复杂的数据信息转换为直观、具体的图像和故事,使得结果更加容易被各个层面的决策者和实施者接受和理解。这有助于推动组织的策略发展,并在实际应用中实现数据的价值。

边注:

从一种格式(如 JSON 或 XML)转换成另一种格式(如 CSV 或数据框),或者将多个不同来源的数据集合并为一个单一的数据集,详见本书 2.1 节。

探索型数据分析的重要性在于它提供了一种灵活、多变且实证的方法来理解数据,从而使数据科学家能够更加明确地确定适合的建模策略和数据处理方法。

有关数据分析的更详细解读,请参考本书 2.3 节。

有关数据分析结果呈现的更详细解读,请参考本书 2.4 节和 2.5 节。

6. 数据产品的提供

数据产品的提供阶段是将洞察转化为实际应用的最后一步。在此阶段，数据科学家会利用机器学习算法和统计模型的设计与应用，将干净、处理过的数据转化为实用的数据产品。这些数据产品能够被直接集成到实际的业务流程和系统中，以实现数据驱动的决策制定和操作优化。

> 有关数据产品的更详细解读，请参考本书5.1节。

数据产品不仅包含传统意义上的报告、图表和仪表盘，还可以是应用程序、API接口、算法模型等。这些产品能够使得组织在日常运营和战略规划中更加方便地应用数据洞见，从而实现数据价值的最大化。

总之，数据产品的提供是数据科学流程中实现价值的关键环节，它将分析洞见具体化、产品化，使之在现实世界中得以广泛应用，推动组织发展和社会进步。

2.1 数据加工

2.1.1 数据大小及规范化

数据规范化处理旨在按比例缩放数据，使之落入一个特定的小区间。在进行某些比较和评价的指标处理时，为了消除数据单位的影响，将其转化为无量纲的纯数值是必要的，这便于进行不同单位或量级的指标比较和加权。

1. Min-Max规范化（Min-Max normalization）

对原始数据进行线性变换，使结果落到 [0, 1] 区间，转换函数为

$$x^* = \frac{x - \text{Min}}{\text{Max} - \text{Min}}$$

其中，Max 和 Min 分别为样本数据的最大值和最小值；x 与 x^* 分别代表标准化处理前的值和标准化处理后的值。

> Min-Max 规范化常常被称为数据归一化（data normalization）和 0-1 缩放（0-1 scaling）。

Min-Max 标准化比较简单，但也存在一些缺陷——当有新数据加入时，可能导致最大值和最小值的变化，需要重新定义 Min 和 Max 的取值。

2. Z-Score规范化（Z-Score normalization）

经过处理的数据符合标准正态分布，即均值为0，标准差为1，其转换函数为

$$z = \frac{x - u}{\sigma}$$

> Z-Score 规范化通常也被称为数据标准化（data standardization）。

其中，μ 为平均数；σ 为标准差；x 与 z 分别代表标准化处理前的值和标准化处理后的值。表2-1比较分析了Min-Max规范化与Z-Score规范化两种方法。

表 2-1　Min-Max 规范化与 Z-Score 规范化两种方法的比较

特　　性	Min-Max 规范化	Z-Score 规范化
转换函数	$x^* = \dfrac{x - \text{Min}}{\text{Max} - \text{Min}}$	$z = \dfrac{x - u}{\sigma}$
变换后范围	[0, 1]	无固定范围，均值为 0，标准差为 1
均值与标准差	不固定	均值 =0，标准差 =1
对异常值敏感度	较高，极端值会影响 Max 和 Min 的值	较低，受到异常值的影响较小
应用场景	数据分布无固定要求，需要将值限定在 [0, 1] 区间	数据大致呈正态分布，需要消除单位和量纲
数据特性适应性	对于固定范围的数据，或者 Max 和 Min 固定的数据较为合适	对于无固定范围且均值和标准差知晓或可估算的数据更合适

总之，Z-Score 规范化是一种数据标准化方法，用于重新调整数据的均值和标准差。但是，Min-Max 规范化是一种数据归一化方法，特别适合于需要将数值缩放到 [0, 1] 区间的场景。

2.1.2　缺失数据及其处理

处理缺失数据主要涉及以下关键步骤：识别缺失数据、总结缺失数据的特征、评估其对未来数据分析的潜在影响、探讨导致数据缺失的可能原因，最后是进行缺失数据的删除或插补。具体步骤如图 2-2 所示。

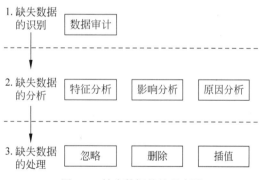

图 2-2　缺失数据的处理步骤

1. 缺失数据的识别

主要采用数据审计（包括数据的可视化审计）的方法发现缺失数据。

2. 缺失数据的分析

主要包括缺失数据的特征分析、影响分析及原因分析。通常，缺失值有 3 种，即完全随机缺失、随机缺失和非随机缺失，如表 2-2 所示。可见，针对不同的缺失值类型，我们应采用不同的应对方法。另外，缺失数据对后续数据处理结果的影响也是不可忽视的重要问题。当缺失数据的比例较大，并且涉及多个变量时，缺失数据的存在可能影响数据分析结果的正确性。在缺失数据及其影响的分析基础上，我们还需要利用数据所属领域的领域知识进一步分析其背后原因，为应对策略（删除或插补缺失数据）的选择与实施提供依据。

表 2-2　缺失值的类型

类　　型	特　　征	解决方法
完全随机缺失（MCAR）	某变量的缺失数据与其他任何观测或未观测变量都不相关	较为简单，可以进行忽略/删除/插值处理
随机缺失（MAR）	某变量的缺失数据与其他观测变量相关，但与未观测变量不相关	
非随机缺失（NMAR）	缺失数据不属于上述"完全随机缺失"或"随机缺失"	较为复杂，可以采用模型选择法和模式混合法等

3. 缺失数据的处理

在分析了缺失数据的影响和原因后，我们需要选择适当的处理策略——忽略、删除或插值，来最大限度地减少缺失数据对分析结果的影响。

2.1.3　异常数据及其处理

"噪声"是指测量变量中的随机错误或偏差。噪声数据的主要表现形式有 3 种：错误数据、虚假数据以及离群数据。考虑到错误数据和虚假数据取决于具体领域知识，在此不做详细介绍。

1. 离群点、高杠杆点和强影响点

离群点（outliers）是数据集中与其他数据偏离太大的点。需要注意的是，离群点与高杠杆点（high leverage）和强影响点（influential points）是三个既有联系又有区别的概念，如图 2-3 所示。

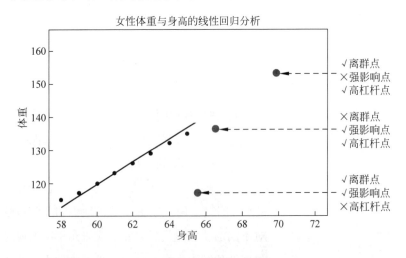

图 2-3　离群点、高杠杆点和强影响点的区别与联系

离群点是在数据集中明显不同于其他数据点的观测值或数据点。这些数据点与数据集中的大多数数据点具有明显的差异，它们可以是异常值、异常点或异常数据。

高杠杆点是指在自变量空间中，其自变量值相对于其他数据点而言具有极端位置的数据点。高杠杆点通常对模型参数的估计值（通常是回归系数）具有较大的影响，因为它们可以推动模型的拟合更接近或远离这些数据点。高杠杆点的存在不一定意味着它们对因变量的观测值具有很大的影响，只是它们的自变量值相对较极端。

强影响点是指对模型有较大影响的点，模型中包含该点与不包含该点会使模型相差很大。

常用的离群点的识别方法有 4 种。

（1）可视化。如图 2-3 所示的绘制散点图的方法，也可以采用箱线图方法，如图 2-4 所示，其中没有包含在箱线中的 4 个独立的点是离群点。

（2）四分位间距（interquartile range，IQR）。通常将小于 Q1-1.5IQR 或大于 Q3+1.5IQR 的数据定义为离群值。

（3）Z-Score 规范化。通常将值为 Z-Score 值 3 倍以上的点视为离群点。

（4）聚类算法。如用 DBScan、决策树、随机森林算法等发现离群点。

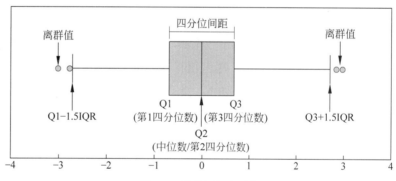

图 2-4　箱线图与离群点

在数据科学中，识别并适当处理离群点、高杠杆点和强影响点是非常重要的。每一种类型的点都需要专门的识别和处理方法，且在处理前需要仔细分析这些点的性质和来源。在某些情况下，这些点可以提供有关数据集和潜在模型的重要信息。在其他情况下，这些点可能会对模型的准确性和稳健性产生负面影响，因此需要谨慎处理，如表 2-3 所示。

表 2-3　离群点、高杠杆点和强影响点的对比

指标	离　群　点	高杠杆点	强影响点
定义	数据集中与其他数据偏离太大的点	自变量中出现异常的点	对模型有较大影响的点

续表

指标	离群点	高杠杆点	强影响点
举例	在一组大部分都是10~20的数据中，一个值是100	在一个线性回归模型中，大多数自变量值集中在0~10，但有一个值是100	在一个线性回归模型中，删除或添加一个点会显著改变回归线的斜率
特征	与大多数数据点有很大差异	在自变量空间中远离其他观测值	对模型参数的估计产生显著影响
识别方法	可视化方法 四分位距方法 Z-Score规范化 聚类算法	杠杆统计量	Cook's距离 DFBETAS
处理方法	进行详细分析，不能简单地采取删除方法	可以考虑删除或进行更深入的研究，以了解这些异常值的来源	需要深入研究以确定是否有必要将它们包含在模型中

2. 分箱处理

分箱（binning）处理的基本思路是将数据集放入若干个"箱子"，之后用每个箱子的均值（或边界值）替换该箱内部的每个数据成员，从而达到噪声处理的目的。下面以数据集 Score = {60，65，67，72，76，77，84，87，90}的噪声处理为例，分箱处理（采用均值平滑技术的等深分箱方法）的基本步骤如下。

（1）将原始数据集 Score = {60，65，67，72，76，77，84，87，90}放入以下3个箱。

箱1：60，65，67

箱2：72，76，77

箱3：84，87，90

（2）计算每个箱的均值，即

箱1的均值：64

箱2的均值：75

箱3的均值：87

（3）用每个箱的均值替换对应箱内的所有数据成员，进而达到数据平滑（去噪声）的目的，各箱数据如下。

箱1：64，64，64

箱2：75，75，75

箱3：87，87，87

（4）合并各箱，得到数据集 Score 的噪声处理后的新数据集 $Score^*$，即

$Score^*$ = {64，64，64，75，75，75，87，87，87}

需要补充说明的是，根据具体实现方法的不同，数据分箱可分为多种具

体模型，如图 2-5 所示。

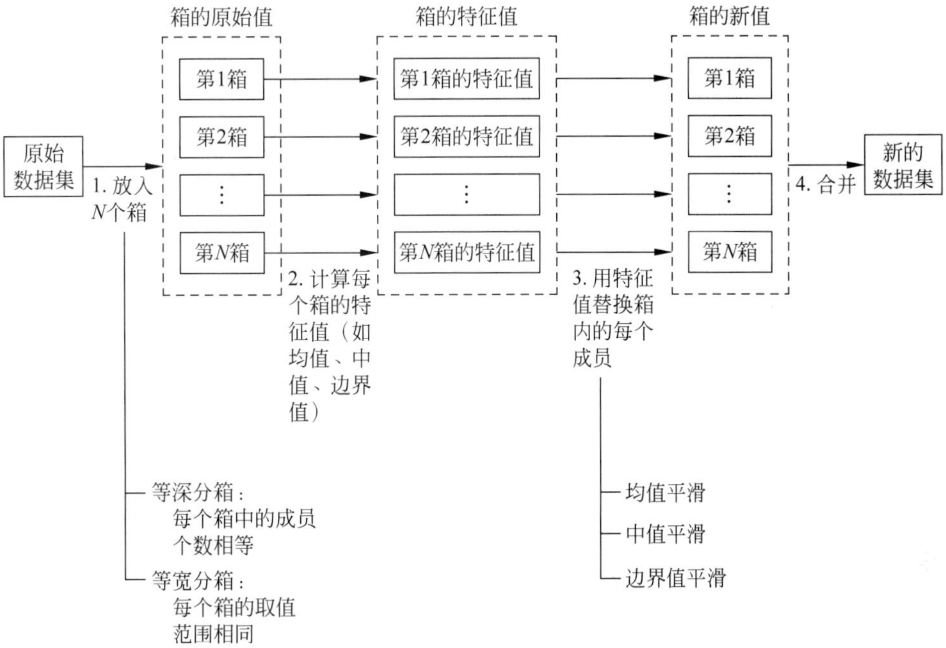

图 2-5　分箱处理的步骤与类型

（1）根据对原始数据集的分箱策略，分箱方法可以分为等深分箱（每个箱中的成员个数相等）和等宽分箱（每个箱的取值范围相同）两种。

（2）根据每个箱内成员数据的替换方法，分箱方法可以分为均值平滑技术（用每个箱的均值代替箱内成员数据，见 2.1.3 节）、中值平滑技术（用每个箱的中值代替箱内成员数据）和边界值平滑技术（"边界"是指箱中的最大值和最小值，"边界值平滑"是指每个值被最近的边界值替换），如图 2-6 所示。

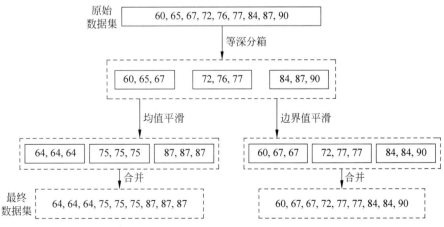

图 2-6　均值平滑与边界值平滑

2.1.4 数据维度及降维处理

数据集的维度（dimensionality）通常指的是数据集中的属性或特征的数目，也称为特征数、维数或维度数。在数据集中，每个对象（例如数据点、样本或观测）都可以用一组属性或特征来描述，这些属性的数量决定了数据集的维度。例如，表2-4给出的数据的维度为5。

表 2-4　iris（鸢尾花）数据集

ID	sepal length	sepal width	petal length	petal width	iris
1	5.1	3.5	1.4	0.2	Iris-setosa
2	4.9	3	1.4	0.2	Iris-setosa
3	4.7	3.2	1.3	0.2	Iris-setosa
4	4.6	3.1	1.5	0.2	Iris-setosa
5	5	3.6	1.4	0.2	Iris-setosa
6	5.4	3.9	1.7	0.4	Iris-setosa
7	4.6	3.4	1.4	0.3	Iris-setosa
8	5	3.4	1.5	0.2	Iris-setosa
9	4.4	2.9	1.4	0.2	Iris-setosa
10	4.9	3.1	1.5	0.1	Iris-setosa
11	5.4	3.7	1.5	0.2	Iris-setosa
12	4.8	3.4	1.6	0.2	Iris-setosa
13	4.8	3	1.4	0.1	Iris-setosa
14	4.3	3	1.1	0.1	Iris-setosa
15	5.8	4	1.2	0.2	Iris-setosa
16	5.7	4.4	1.5	0.4	Iris-setosa
17	5.4	3.9	1.3	0.4	Iris-setosa
18	5.1	3.5	1.4	0.3	Iris-setosa

维度灾难指随着数据维度的增加，数据分析变得非常困难，而且存在一些算法在低维空间表现良好，但在高维数据中往往失效的现象。例如，在高维空间中，KNN算法可能会受到维数灾难问题的影响。这是因为在高维空间中，数据点之间的距离变得不敏感，即使距离相近的数据点也可能在高维空间中相距很远，导致KNN中的"近邻"可能不再反映真正的数据相似性。

维度在数据科学中具有重要意义，因为它直接影响了数据的复杂性和处理方法。数据集的维度越高，通常需要更多的计算资源和更复杂的算法来处理和分析数据。高维数据集也可能面临维数灾难（the curse of dimensionality）的问题，即在高维空间中，数据点之间的距离变得稀疏，导致数据分布变得不均匀，这会影响到一些机器学习算法的性能。

因此，在数据科学中，通常会考虑维度的问题，特征选择（feature selection）和降维技术（dimensionality reduction techniques）可以减少维度并提高模型的性能和可解释性。

因此，数据科学中往往需要进行"降维"处理——将"高维数据"转换为"低维数据"。常用于数据降维的方法有特征选择和主成分分析两种。

1. 特征选择

特征选择是数据降维的一个重要手段。为实现特征选择的目的，通常将数据集中的"缺失值的占比过高的特征"(无法进行缺失值插补的属性)、"方差过小的特征"(说明该属性上的取值基本相同)、"不相关特征"(与数据分析任务无关的属性)和"冗余特征"(与其他属性之间相互交叉或重叠关系的属性,即相关系数高的属性)删除。需要注意的是,特征选择和特征提取(feature extraction)是两个不同的概念,后者专指"基于原始数据创建新的属性集"。具体而言,常用特征选择方法有过滤法、包裹法和嵌入法。

(1)过滤法。采用统计学中的统计指标的方法,为每个特征进行打分,并根据打分结果进行选择或过滤特征。其中,统计指标的计算主要是根据数据本身的特点进行的,通常与后续处理中即将建立的具体模型无关。例如,用卡方检验的方法判断特征变量和目标变量之间是否相互独立。

(2)包裹法。采用模型参与的迭代式特征消除(recursive feature elimination)和交叉验证式的特征选择(cross-validated selection)方法,找出最优的特征子集。与过滤法不同的是,包裹法中用到了即将建立的具体模型,即它与后续处理中即将建立的具体模型有关。

(3)嵌入法。有些算法本身可以支持特征系数或权重的计算,因此,有时候将特征选择工作嵌入模型自身构建过程中,但此类方法并不支持所有算法和模型。比较典型的有随机森林和 Lasso 回归模型。

2. 主成分分析

主成分分析(principle component analysis,PCA)常用于将数据的属性集转换为新的、更少的、正交的属性集。在主成分分析中,第一主成分具有最大的方差值;第二主成分试图解释数据集中的剩余方差,并且与第一主成分不相关(正交);第三主成分试图解释前两个主成分没有解释的方差,以此类推。

与特征选择不同的是,主成分分析方法得到的属性往往是新生成的,并非为原始数据自带的属性集。主成分分析的方法论基础为线性代数中的奇异值分解(singular value decomposition)。

在 Python 数据科学编程中,通常采用第三方包 sklearn.decomposition 的 PCA() 函数进行主成分分析。PCA 函数的参数如下:

```
PCA(
    n_components=None,
    copy=True,
    whiten=False,
    svd_solver='auto',
    tol=0.0,
    iterated_power='auto',
    random_state=None,
)
```

2.2 数据管理

在数据科学中，常见的数据管理技术如表 2-5 所示。

表 2-5　数据科学中常用的数据管理技术

项目/分类	主要目的	主要特征	常见功能	优点	缺点	典型产品
数据库（Database）	存储和管理结构化数据	结构化、SQL 支持、事务处理、数据一致性	CRUD 操作、查询、事务处理	高性能、高一致性、易于查询	通常只支持结构化数据	MySQL、PostgreSQL、Oracle
数据仓库（Data Warehouse）	用于查询和分析的数据存储，专门处理历史数据	支持复杂查询和 OLAP 操作，包含整合和转换的多源数据	数据存储、ETL、复杂查询、OLAP、数据分析和报告	提供强大的数据分析平台，支持高级分析	维护成本和复杂性较高	Snowflake、Amazon Redshift、Google BigQuery
数据湖（Data Lakes）	存储任意类型的原始数据	高度灵活、低成本、可扩展	数据存储、ETL、数据分析	低成本、高度可扩展、灵活	数据治理难、易形成数据孤岛	Hadoop、Amazon S3、Azure Data Lake
湖仓一体化（Lakehouse）	结合数据湖和数据仓库的优点	结构化与非结构化数据存储、支持 ETL 和 BI 分析	数据查询、存储、分析、ETL	灵活、一体化、性能高	实施复杂、成本可能较高	Delta Lake、Snowflake、Databricks
数据网格（Data Mesh）	分布式数据所有权和管理	将数据视为产品、跨部门数据所有权	数据目录、分布式查询	提升数据使用率、减少数据蔓延	需要强组织和文化支持	K2View、Talend、Starburst、Informatica、Denodo
数据经纬（Data Fabric）	集中式数据集成与管理	元数据管理、数据虚拟化、跨环境	数据集成、治理、分析	高度集成、支持多类型数据源	实施复杂、成本高	Talend、Denodo、Informatica

1. 数据库

基本含义：是一种系统，用于有效地存储、检索和管理数据。它通常用于支持日常业务操作和事务处理。

主要特征：数据库主要处理结构化数据，强调对数据的高速读写访问。

常用产品：MySQL、Oracle Database、Microsoft SQL Server 等。

与数据科学的关系：数据库为数据科学提供了可靠的数据存储和管理平台，支持数据分析和决策制定。

2. 数据仓库

基本含义：是一种专门用于查询和分析的数据存储系统，特别设计用于处理历史数据。

主要特征：数据仓库支持复杂的查询和 OLAP 操作，通常包含整合和转换后的多源数据。

常用产品：Snowflake、Amazon Redshift、Google BigQuery 等。

与数据科学的关系：数据仓库为数据科学家提供了强大的数据分析平台，支持高级分析和报告。

3. 数据湖

基本含义：是一种系统，通过利用云存储技术提供低成本的数据存储，旨在捕获和存储原始数据。

主要特征：数据湖不要求数据结构，可以容纳各种类型和格式的原始数据。

常用产品：Databricks Lakehouse Platform 结合了数据湖和数据仓库的最佳要素，以提供可靠性、治理、安全性和性能。

与数据科学的关系：数据湖为数据科学家提供了灵活的存储和分析平台，支持原始数据的探索性分析。

> 湖仓一体化（Lakehouse）是一个新兴的数据架构模式，结合了数据湖和数据仓库的优点。通过湖仓一体化，组织不仅可以使用数据湖存储大量的原始数据，还可以在同一平台上进行高级的数据分析和机器学习任务，就像在数据仓库中一样。湖仓一体化试图兼具数据湖的规模优势和数据仓库的性能优势，提供一个更灵活、更强大的数据管理解决方案。湖仓一体化通过实现统一的元数据管理、高级的数据安全性以及更好的性能优化来达成这一目的。这允许数据工程师、数据科学家和业务分析师在一个统一的平台上进行协作，从而提高效率并减少数据孤岛现象。

4. 数据网格

基本含义：是一种组织和传播组织内数据的框架，将数据视为产品，并为相关主题专家创建独立的所有权区域。

主要特征：数据网格通过分布式方法减少数据传播，增加数据自治。

常用产品：K2View、Talend、Starburst、Informatica、Denodo 等都提供了数据网格解决方案。

与数据科学的关系：数据网格为数据科学引入了分布式、域为中心的数据架构和组织方法，使得数据作为产品被独立团队所管理并满足跨团队的数据需求。

通常，数据网格概念基于以下四个原则：
（1）数据所有权和架构以领域为导向，呈去中心化状态；
（2）数据以产品的形式呈现；
（3）数据基础设施表现为自助式数据平台；
（4）数据治理采取联合形式。

5. 数据经纬

基本含义：通过技术框架来解决数据管理问题，提供企业所有数据的统一实时全景视图，强调数据的集中存储和严格的访问控制。

主要特征：数据经纬采用统一的技术方法，维护集中式数据存储和强制严格的数据访问协议。在功能上，数据经纬集成了数据目录、数据治理、数据集成、数据管道以及数据编排等多种数据管理功能。

常用产品：IBM、Denodo、Tibco Software、NetApp 等已经提供了数据经纬的解决方案。

与数据科学的关系：数据经纬为数据科学提供了一个统一、集成的数据管理平台，使得数据访问、分析和处理变得更加高效和一致。

数据经纬的一些基本原则如下。

（1）统一视图：数据经纬作为集成和编排层，需要在众多不同的数据源之上构建，以提供企业所有数据的统一视图。这能够帮助组织更有效地管理和分析数据，而无须关注数据的物理位置和格式。

（2）灵活性和可扩展性：数据经纬允许组织灵活地运行由数据驱动的 IT 服务、应用、存储，并根据不断变化的技术和业务需求，从一系列混合 IT 基础架构资源中进行访问。

（3）跨云操作：数据经纬架构特别适用于跨地理分布的基础架构系统上分布式的动态数据工作负载，允许组织运行真正的混合云环境，解决了不同云提供商间的锁定问题，使数据迁移变得更加经济、灵活和可行。

（4）集成多种数据管理技术：数据经纬整合了如数据目录、数据治理、数据集成、数据管道以及数据编排等关键的数据管理技术，以实现数据的全面管理和利用。

（5）自适应各种变化：数据经纬能够根据组织的成本、安全性、可用性、可扩展性和服务要求的变化来适应不同的云模型和供应商。

2.3 数据分析

2.3.1 数据分析方法

从复杂度及价值高低两个维度，可将数据分析分为描述性分析（descriptive analytics）、诊断性分析（diagnostic analytics）、预测性分析（predictive analytics）和指导性分析（prescriptive analytics）4 种，如图 2-7 所示的 Gartner 分析学价值扶梯（Gartner's analytic value escalator）模型。

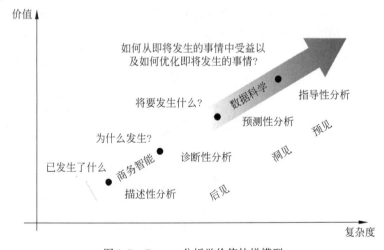

图 2-7　Gartner 分析学价值扶梯模型

1. 描述性分析

描述性分析主要侧重于"过去"，旨在回答"已发生了什么？"的问题。这是数据分析的起点，用于对历史数据进行总结和描述，以获得对数据的基本了解。

2. 诊断性分析

诊断性分析同样关注"过去"，但其目标是回答"为什么发生？"的问题。这一阶段旨在深入理解数据，找出数据背后的原因和趋势，进一步解释描述性分析的结果。

3. 预测性分析

预测性分析聚焦于"未来"，旨在回答"将要发生什么？"的问题。这一阶段是指导性分析的基础，通过利用历史数据和趋势来预测未来事件，为决策提供依据。

4. 指导性分析

> 指导性分析又称为处方性分析或规范性分析。

指导性分析关注"模拟与优化"，即"如何从即将发生的事情中受益？"和"如何优化即将发生的事情？"。这一阶段是数据分析的最高层次，旨在通过模拟和优化方法来制定最佳策略，直接创造产业价值。

2015年，托马塞蒂（Tomasetti C）和沃格斯坦（Vogelstein B）在《科学》（*Science*）杂志上发表了一篇题为《组织间癌症风险的差异可以通过干细胞分裂的数量来解释》（*Variation in Cancer Risk Among Tissues can be Explained by the Number of Stem Cell Divisions*）的论文，此文摘要如下。

……有些类型的组织（注：此处"组织"指的是生物学中的"组织"，即界于细胞及器官之间的细胞架构）引发人类癌症的差异可高达其他类型生物组织的数百万倍。虽然这在最近一个多世纪以来已经得到公认，但谁也没有解释过这个问题。研究表明，不同类型癌症生命周期的风险，与正常自我更新细胞维持组织稳态所进行的分裂数目密切相关。各组织间癌症风险的变化只有三分之一可归因于环境因素或遗传倾向，大多数是由于"运气不好"造成的，也就是说是在DNA正常复制的非癌变干细胞中产生了随机突变。这不仅对于理解疾病有重要意义，也对设计减少疾病死亡率的策略有帮助……

摘要中的"大多数（65%）是由于'运气不好'造成的"一句成为当时各大媒体的头条新闻，引起了社会各界热议，甚至有人指出了其错误。更重要的是，人们开始认真反思数据分析中普遍存在的"套路"现象及存在的问题。其中最具代表性的是，里克（Leek）与彭（Peng）在《科学》（*Science*）杂志上发表的文章《问题是什么：数据分析中最常见的错误》（*What is the Question: Mistaking the Type of Question being Considered is the Most Common Error in Data Analysis*）中明确提出"之所以出现错误的分析结果，是因为人们混淆了数据分析的类型"的观点。

在他们看来，数据分析主要有6种（见图2-8），并提出了4种容易犯的数据分析错误，如表2-6所示。

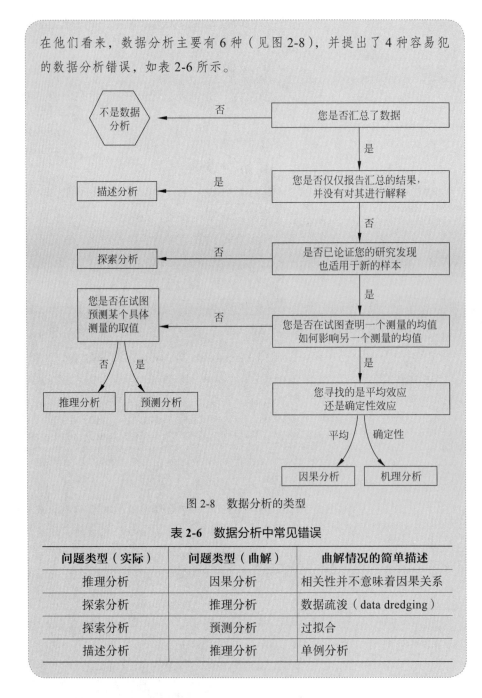

图 2-8　数据分析的类型

表 2-6　数据分析中常见错误

问题类型（实际）	问题类型（曲解）	曲解情况的简单描述
推理分析	因果分析	相关性并不意味着因果关系
探索分析	推理分析	数据疏浚（data dredging）
探索分析	预测分析	过拟合
描述分析	推理分析	单例分析

2.3.2　数据分析工具

著名管理学家托马斯·达文波特（Thomas H. Davenport）于 2013 年在《哈佛商业论坛》(*Harvard Business Review*)上发表题为《第三代分析工具》(*Analytics* 3.0)的论文，将数据分析的方法、技术和工具——分析工具（analytics）分为三个不同时代——商务智能时代、大数据时代和数据富足供给时代，如图 2-9 所示。

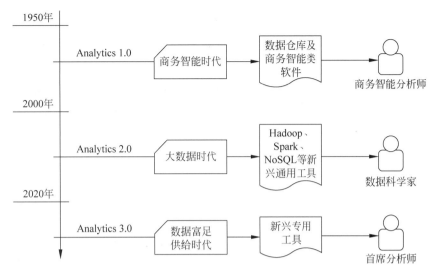

图 2-9 分析工具的三个时代

1. Analytics 1.0

Analytics 1.0 是商务智能时代（1950—2000 年）的主要数据分析技术、方法和工具。Analytics 1.0 中常用的工具软件为数据仓库及商务智能类软件，一般由数据分析师或商务智能分析师负责完成。Analytics 1.0 的主要特点如下。

（1）分析活动滞后于数据的生成。

（2）重视结构化数据的分析。

（3）以对历史数据的理解为主要目的。

（4）注重描述性分析。

2. Analytics 2.0

Analytics 2.0 是大数据时代（2000—2020 年）的主要数据分析技术、方法和工具，一般由数据科学家负责完成。与 Analytics 1.0 不同的是，Analytics 2.0 中采用了一些新兴数据分析技术，如 Hadoop、Spark、NoSQL 等大数据通用技术。Analytics 2.0 的主要特点如下。

（1）分析活动与数据的生成几乎同步，强调数据分析的实时性。

（2）重视非结构化数据的分析。

（3）以决策支持为主要目的。

（4）注重解释性分析和预测性分析。

3. Analytics 3.0

Analytics 3.0 是数据富足供给时代（2020 年至今）的主要数据分析技术、方法和工具。与 Analytics 2.0 不同的是，Analytics 3.0 中数据分析更为专业化。从技术实现和常用工具角度看，Analytics 3.0 将采用更为专业的分析工具，而不再直接采用 Hadoop、Spark、NoSQL 等大数据分析技术。同时，数据分析工作也由专业从事数据分析的数据科学家——首席分析师完成,数据科学家的类型将得到进一步细化。Analytics 3.0 的主要特点如下。

(1) 引入嵌入式分析。

(2) 重视行业数据,而不只是企业内部数据。

(3) 以产品与服务的优化为主要目的。

(4) 注重指导性分析。

> 本法则由 Big Data Analytics Methods 一书的作者 Peter Ghavami 提出。

> 少样本学习是机器学习的一个分支,研究如何在只有少量标注样本的情况下进行学习,其目标是在数据稀缺的情况下使模型能够做出准确的预测。

Ghavami 的分析法则

1. 数据越多越好

更多的数据意味着更多的洞察、更多的智能和更好的机器学习结果。

从统计学的角度看,更多的数据意味着样本更接近总体,估计会更准确。而在机器学习中,更多的数据可以提供更多的信息,有助于更精确地捕捉数据中的模式和趋势。在数据分析过程中,数据分析师可以通过收集更多的数据来提高模型的性能和准确性,从而更好地了解和解释数据中的模式和关系。

2. 少量数据也可能足够

可以使用泛化技术在少量数据上加深对总体的理解。

在实际应用中,获取大量标注样本可能非常困难且代价高昂,因此研究如何利用少量样本进行高效学习变得尤为重要。在少样本学习中,一些先进的技术和方法,如迁移学习、元学习(meta-learning)、数据增强(data augmentation)等,被用来提高模型在少量数据上的学习效果。

3. "脏"数据与噪声数据可以通过分析工具进行清洗

可以用分析来弥补"脏"数据和噪声数据。有可以克服这些问题的分析模型。

通过使用适当的数据清洗和预处理方法,数据分析师可以减少数据中的噪声和错误,从而改善模型的性能。在实际分析中,数据预处理和清洗是至关重要的步骤,通过这些步骤,数据分析师可以确保模型的有效性和准确性。

4. 通过信号增强来区分信号和噪声

可以增强数据中的信号效应来克服噪声或过多数据变量的影响。

通过使用特征工程和特征选择方法,数据分析师可以凸显重要的信号,从而在模型中减少噪声和不相关的特征的影响。在分析过程中,正确地区分信号和噪声,并强化有用的信号,是提高模型准确性的关键。

5. 定期重新训练机器学习模型

应定期重新训练你的模型,因为机器学习模型会随着时间的推移而失去准确性。

由于数据的分布可能会随时间而改变,定期更新模型是确保模型适应新数据分布的重要步骤。通过定期重新训练模型和更新模型参数,数据分析师可以确保模型在不断变化的数据环境中保持其有效性和准确性。

6. 对高度准确的模型保持怀疑

永远不要声称模型100%准确或甚至95%准确。过于准确的模型可能会过度训练和过度拟合于特定数据,因此在其他数据集上表现糟糕。

> 过拟合(overfitting)是机器学习和统计中的一个核心概念,它描述的是一个模型在训练数据上表现得特别好,但在未见过的新数据(如验证数据或测试数据)上表现得不好的现象。

过拟合模型会过度适应训练数据中的随机噪声,而忽略了总体的真实模式,从而导致在新数据上表现糟糕。通过避免过拟合,例如使用正则化方法和交叉验证,数据分析师可以确保模型具有良好的泛化能力。

7. 处理数据的不确定性而非敏感性

数据会随着时间和不同的情境发生剧烈变化。要使数据分析模型足够健壮,能够处理各种数据和数据变化。

> 不确定性(uncertainty)通常关注的是数据或预测的变动性或可靠性,而敏感性(sensitivity)关注的是模型输出对特定输入的响应变化。不确定性通常指的是数据或模型预测中的变异或不可预测性。例如,在测量过程中,由于各种因素(如设备误差、环境变化等)导致的数据变异就是一种不确定性。敏感性通常描述的是模型输出对某些输入参数或条件的变化的响应程度。换句话说,它衡量的是当输入发生轻微变化时,输出会发生多大的变化。

在这个原则中,重点是要使模型能适应各种不同的数据变化和情况(即使这些数据具有一定的不确定性),而不是仅仅专注于模型对特定输入的敏感性。通过这样做,模型将更有可能在多种不同的情况下保持其准确性和稳定性。

由于数据的内在多样性和变化性,建立健壮的模型以适应这些变化是至关重要的。在创建模型时,数据分析师基于不确定性和数据的变异性,可以创建更加健壮和可靠的模型。

8. 模型集成提高准确性

使用模型集成来提高预测、分类和优化的准确性,因为多个模型可以互相补偿彼此的局限性。

模型集成能够综合多个模型的预测,从而减少单一模型的局限性。

2.4 数据可视化

与统计学、机器学习一样,数据可视化也是数据科学的重要研究方法之一。以安斯科姆四组数据(Anscombe's quartet)为例,统计学家安斯科姆(F. J. Anscombe)于1973年提出了4组统计特征基本相同的数据集(见表2-7),从统计学角度看难以找出其区别,4组数据在均值、方差、相关度等统计特征方面均相同,线性回归方程都是 $y = 3 + 0.5x$。但是,当对4组数据进行可视化后，很容易就能找出他们之间的区别（见图2-10）。

表2-7 安斯科姆4组数据

I		II		III		IV	
x	y	x	y	x	y	x	y
10.0	8.04	10.0	9.14	10.0	7.46	8.0	6.58
8.0	6.95	8.0	8.14	8.0	6.77	8.0	5.76
13.0	7.58	13.0	8.74	13.0	12.74	8.0	7.71
9.0	8.81	9.0	8.77	9.0	7.11	8.0	8.84
11.0	8.33	11.0	9.26	11.0	7.81	8.0	8.47
14.0	9.96	14.0	8.10	14.0	8.84	8.0	7.04
6.0	7.24	6.0	6.13	6.0	6.08	8.0	5.25
4.0	4.26	4.0	3.10	4.0	5.39	19.0	12.50
12.0	10.84	12.0	9.13	12.0	8.15	8.0	5.56
7.0	4.82	7.0	7.26	7.0	6.42	8.0	7.91
5.0	5.68	5.0	4.74	5.0	5.73	8.0	6.89

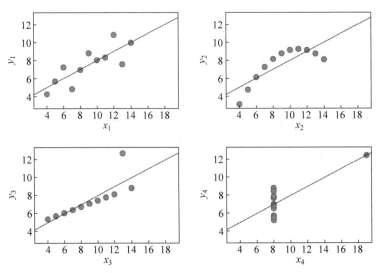

图2-10 安斯科姆4组数据的可视化

数据可视化能够帮助人们提高理解与处理数据的效率。例如，英国麻醉学家、流行病学家以及麻醉医学和公共卫生医学的开拓者约翰·斯诺（John Snow）采用数据可视化的方法研究了伦敦西部西敏市苏活区霍乱，并首次发现了霍乱的传播途径及预防措施。当时，霍乱病原体尚未被发现，但一直被认为是致命的疾病——既不知道它的病源，也不了解治疗方法。1854年，伦敦再次暴发霍乱事件，在个别街道上的灾情尤为严重，在短短10天之内就死去了500余人。为此，约翰·斯诺采用了基于信息可视化的数据分析方法，在一张地图上标明了所有死者居住过的地方（图2-11），他发现许多死者生前居住在宽街的水泵附近，如16号、37号、38号、40号住宅。同时，他还惊讶地看到宽街 20 号和 21 号以及剑桥街上的 8 号和 9 号等住宅却无死亡报告。进一步调查发现，上述居住在无死亡报告的住宅的人们都在剑桥街 7 号的酒馆里打工，且该酒馆为他们免费提供啤酒。相反，霍乱流行最为严重的两条街的人们喝的是源自被霍乱患者粪便污染过的脏水。因此，他断定这场霍乱与水源之间必有关联，并提议通过拆掉灾区水泵的把手的方法防止人们接触被污染的水，最终成功地阻止了此次霍乱的继续流行，推动了流行病学的兴起。

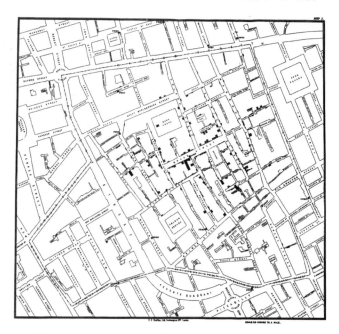

图 2-11　约翰·斯诺的鬼地图（John Snow's ghost map）

2.4.1　视觉编码与视觉通道

1. 视觉编码

数据可视化的方法论基础称为"视觉编码"。视觉编码是指将数据映射成符合用户视觉感知的可见视图的过程，主要采用视觉图形元素和视觉通道两个维度进行可视化，如图 2-12 所示。其中，"图形元素"是指几何图形元素，如点、线、面、体等，主要用来刻画数据的性质，决定数据所属的类型；"视觉通道"是指图形元素的视觉属性，如位置、长度、面积、形状、方向、色调、亮度和饱和度等。视觉通道进一步刻画了图形元素，使同一个类型（性质）的不同数据有了不同的可视化效果。

2. 数据类型

从人类的视觉感知和认知习惯看，数据类型与视觉通道之间存在一定的关系。雅克·贝尔汀（Jacques Bertin）曾提出 7 个视觉通道的组织层次，并给出了可支持的数据类型，如表 2-8 所示。

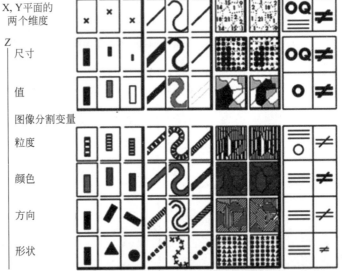

图 2-12　视觉图形元素与视觉通道

表 2-8　数据类型与视觉通道的对应关系图

视觉通道	定类数据	定序数据	定量数据
位置	Y	Y	Y
尺寸	Y	Y	Y
数值	Y	Y	Y（部分）
纹理	Y	Y（部分）	
颜色	Y		
方向	Y		
形状	Y		

因此，如何综合考虑目标用户需求、可视化任务本身以及原始数据的数据类型等多个影响因素，选择合适的视觉通道，并进一步有效展示，已成为数据可视化工作的重要挑战。图 2-13 给出了不同类型数据的视觉通道的选择和展示方法。

需要提醒的是，在数据来源和目标用户已定的情况下，不同视觉通道的表现力不同。视觉通道的表现力评价指标包括以下几种。

（1）精确性。精确性代表的是人类感知系统对于可视化编码结果和原始数据之间的吻合程度。斯坦福大学麦金利（Mackinlay）曾于 1986 年提出了不同视觉通道所表示信息的精确性，如图 2-14 所示。

（2）可辨认性。可辨认性是指视觉通道的可辨认度。例如，图 2-15 中采用折线图显示某公司十年月收入变化。如果这个图中所有年份的线条颜色相近，或者线条过于密集交叉，使得受众难以区分不同年份的数据线，这就会降低折线图的可辨认性。

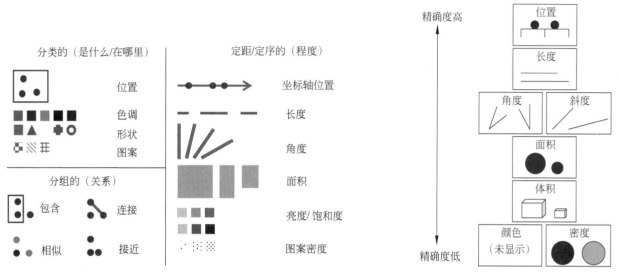

图 2-13 视觉通道的选择与展示　　　　图 2-14 视觉通道的精确度对比

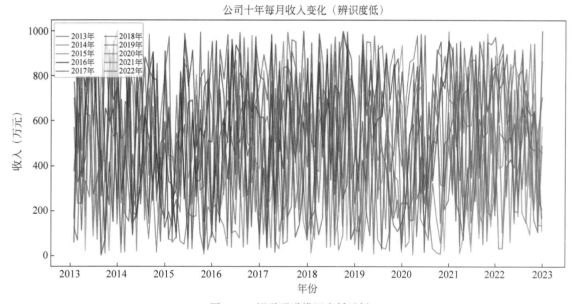

图 2-15 视觉通道辨识度低示例

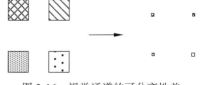

图 2-16 视觉通道的可分离性差

（3）可分离性。可分离性是指同一个视觉图形元素的不同视觉通道的表现力之间应具备一定的独立性。例如，在图 2-16 中，选择采用两种视觉通道——面积和纹理分别代表图形元素的两个不同属性值，其可视化表现力较差。因为当通道"面积"的取值较小时可能影响另一个通道"纹理"的表现力，也就是说在此图中两种通道的表现力之间并不完全独立。

（4）视觉突出性。视觉突出性是指视觉编码结果能否在很短的时间内（如毫秒级）迅速准确地表达出可视化编码的主要意图。以

图 2-17 为例,人们在左半部分和右半部分(二者的内容完全相同)中计算数字 8 的个数所需的时间不同。由于右半部分中的数字 8 采用了背景颜色,区别于其他数字,很容易产生视觉突出现象。因此,在数据可视化中应充分利用人类视觉感知特征,提升数据可视化的信度和效度。

12367687345312343465475683454561	12367687345312343465475683454561
23454565781231234654733323123212	23454565781231234654733323123212
23433846576622345656765756368213	23433846576622345656765756368213
87235465756232343456546756765656	87235465756232343456546756765656
23453456467567867897903423423445	23453456467567867897903423423445
34535646756533432474234237534343	34535646756533432474234237534343

图 2-17　视觉突出性示例

一般情况下采用高表现力的视觉通道表示可视化工作要重点刻画的数据或数据的特征。但是,各种视觉通道的表现力往往是相对的,表现力值的大小与原始数据、图形元素及通道的选择、目标用户的感知习惯具有密切联系。因此,视觉通道的有效性是数据可视化中必须注意的问题之一。

2.4.2　可视分析学

可视分析学(Visual Analytics)是一门以可视交互为基础,综合运用图形学、数据挖掘和人机交互等多个学科领域的知识,以实现人机协同完成可视化任务为主要目的的分析推理性学科。可视分析学是一门跨学科性较强的新兴学科,主要涉及的学科领域有科学/信息可视化、数据挖掘、统计分析、分析推理、人机交互和数据管理等,如图 2-18 所示。

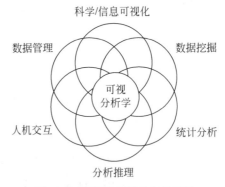

图 2-18　可视分析学的相关学科

可视分析学的出现进一步推动了人们对数据可视化的认识。作为一门以可视交互界面为基础的分析推理学科,可视分析学将人机交互、图形学、数据挖掘等引入可视化中,不仅拓展了可视化研究范畴,还改变了可视化研究的关注点。因此,可视分析学的活动、流程和参与者也随之改变,比较典型的模型是凯姆（Keim）等提出的可视分析学模型，如图 2-19 所示。可视分析学模型具有如下特点。

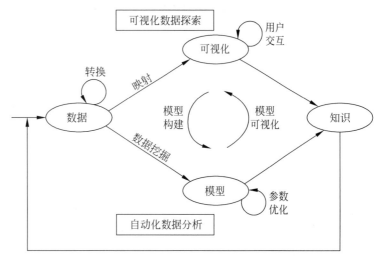

图 2-19　可视分析学模型

1．强调数据到知识的转换过程

可视分析学中对数据可视化工作的理解发生了根本性变化——数据可视化的本质是将数据转换为知识，而不能仅仅停留在数据的可视化呈现层次上。图 2-19 给出了两种从数据到知识的转换途径：一种是可视化分析，另一种是自动化建模。

2．强调可视化分析与自动化建模之间的相互作用

可视化分析与自动化建模的相互作用主要体现在：一方面，可视化技术可用于数据建模中的参数改进的依据；另一方面，数据建模也可以支持数据可视化活动，为更好地实现用户交互提供参考。

3．强调数据映射和数据挖掘的重要性

从数据到知识转换的两种途径——可视化分析与自动化建模分别通过数据映射和数据挖掘两种不同方法实现。因此，数据映射和数据挖掘技术是数据可视化的两个重要支撑技术。用户可以通过两种方法的配合使用实现模型参数调整和可视化映射方式的改变，尽早发现中间步骤中的错误，进而提升可视化操作的信度与效度。

4．强调数据加工的必要性

数据可视化处理之前一般需要对数据进行预处理（转换），且预处理的质量将影响数据可视化效果。

5．强调人机交互的重要性

可视化过程往往涉及人机交互操作，需要重视人与计算机在数据可视化工作中的互补性优势。因此，人机交互以及人机协同工作也将成为未来数据可视化研究与实践的重要手段。

2.4.3 常用统计图表

统计图表是数据可视化中最为常用的方法之一，主要用于可视化数据的某一（些）统计特征。用于显示统计结果的可视化方法很多，如柱形图、折线图、饼图、条形图、面积图、散点图、雷达图等。考虑到此类方法的广泛应用，本书重点介绍易错或较为复杂的统计图表的基本画法。

1. 饼图

（1）定义与特征。饼图（pie chart）主要用于表示整体与部分之间的关系，通过二维或三维图形显示每个部分相对于总体的比例，如图2-20所示。

（2）主要应用场景及解读方法。饼图常用于展示类别之间的相对比例，例如市场份额分布、投票结果等。解读时，需要注意饼图显示的是相对比例，不适合展示大量类别。

（3）绘制或解读中常见的问题及曲解。常见问题包括饼图类别过多、角度难以比较、缺乏数值标签等。曲解可能包括错误比较角度大小、误解饼图表示绝对数量等。

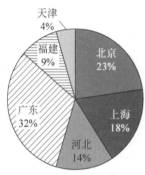

图2-20 某班级生源比例示意图

2. 箱线图

（1）定义与特征。箱线图（box-plot）用于可视化数据分布，包括数据的中位数、上下四分位数、异常值等，如图2-21所示。

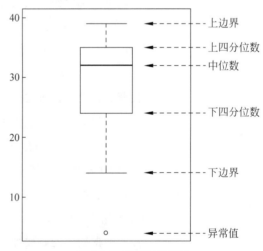

图2-21 箱线图的画法

（2）主要应用场景及解读方法。箱线图适用于较多组数据的分布，发现异常值和数据的离散程度。中位数和四分位数提供了关于数据的位置和分散程度的信息。

（3）绘制或解读中常见的问题及曲解。常见问题包括未正确处理异常值、箱线图的标度问题等。曲解可能包括误解箱线图为直方图或频率图等。

3. 散点图

（1）定义与特征。散点图（scatter diagram）用于显示数据点在二维坐标系统中的分布情况，每个点的位置表示对应数据的属性值，如图 2-22 和图 2-23 所示。

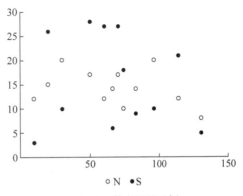

图 2-22 散点图的示例

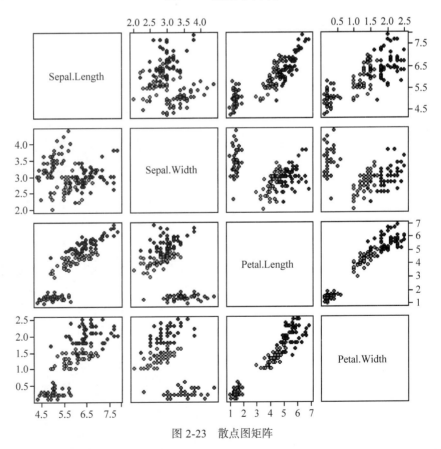

图 2-23 散点图矩阵

（2）主要应用场景及解读方法。散点图常用于观察两个变量之间的关系，如相关性、趋势、离群点等。散点图矩阵适用于高维数据的分布分析。

（3）绘制或解读中常见的问题及曲解。常见问题包括未处理离群点、未添加趋势线等。曲解可能包括错误地识别相关性或趋势等。

4. 韦恩图

（1）定义与特征。韦恩图（venn diagram）用于可视化数据集合之间的交集和差异，通过重叠区域表示共有元素，如图 2-24 所示。

（2）主要应用场景及解读方法。韦恩图常用于显示集合运算结果，如并集、交集等。解读时，注意共有元素的重叠区域。

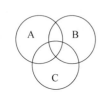

图 2-24　韦恩图示例

（3）绘制或解读中常见的问题及曲解。常见问题包括区域不明确、重叠区域面积不准确。曲解可能包括错误理解区域的大小或关系等。

5. 热地图

（1）定义与特征。热地图（heat map）用不同颜色或亮度表示数据值的大小，通常在地图或矩阵上展示。

（2）主要应用场景及解读方法。热地图常用于显示数据的分布和变化趋势，例如地理数据、温度分布等。解读时，根据颜色或亮度判断数据值大小。

（3）绘制或解读中常见的问题及曲解。常见问题包括颜色选取不当、缺少标尺等。曲解可能包括错误解读颜色或亮度的含义等。

6. 等值线图

（1）定义与特征。等值线图（contour map）用于显示等值数据的分布情况，通过连接相同数值的数据点形成等值线，如图 2-25 所示。

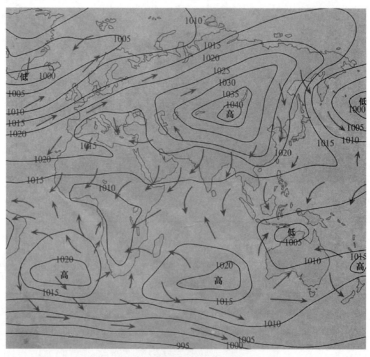

图 2-25　某海平面的等压线图

（2）主要应用场景及解读方法。等值线图常用于地理、气象学、物理等领域，显示等值数据的分布，如等压线图、等高线图、等温线图等。解读时，需关注等值线的形状和间距等。

（3）绘制或解读中常见的问题及曲解。常见问题包括等值线过于密集或稀疏、未标明数值单位等。曲解可能包括错误理解等值线的含义等。

7. 雷达图

（1）定义与特征。雷达图（radar chart）用于可视化多个属性的数据，每个属性表示为指标线，形成多边形，如图 2-26 所示。

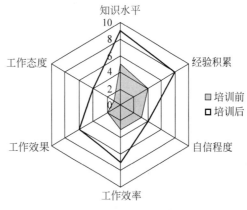

图 2-26　雷达图示例

（2）主要应用场景及解读方法。雷达图适用于比较多个数据维度的差异，如个体在不同属性上的表现。解读时，注意多边形的形状和相对位置等。

（3）绘制或解读中常见的问题及曲解。常见问题包括未标明指标的范围、多边形形状不清晰等。曲解可能包括错误比较多边形的大小或属性关系等。

美学中的黄金比例准则

美学中的黄金比例（golden ratio）是可视化中常用的准则（见图 2-27），它代表的是一个数学常数 φ，其取值约为 1.618，计算公式如下：

$$\varphi = \frac{a+b}{a} = \frac{b}{a} \quad (a > b > 0)$$

黄金分割比例具有严格的比例性、艺术性、和谐性，蕴藏着丰富的美学价值，而且呈现于不少动植物的外观，如图 2-28 所示。

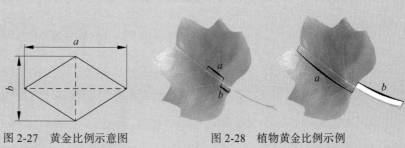

图 2-27　黄金比例示意图　　图 2-28　植物黄金比例示例

现今普遍很多工业产品、电子产品、建筑物或艺术品均应用了黄金比例，提高其美观性，如图 2-29 所示。

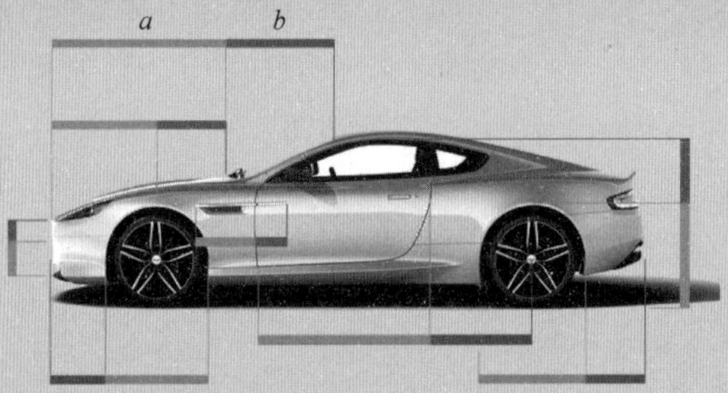

图 2-29　汽车黄金比例示例

2.5　数据故事化

数据故事（data story）是以满足特定业务需求为目的，以数据为原始材料，以数据分析和建模方法为手段，从数据中发现有价值的洞见，并以故事形式向目标受众提供的一种数据产品或服务。通常，将数据转换为数据故事的过程称作数据故事化（data story telling）。

> **基于 ChatGPT 的自动生成数据故事**
>
> 目的　　有一个健康食品公司，他们希望了解用户对健康饮食的关注度。为了获取这些信息，他们开始收集数据。他们在网站上设置了一个调查
> 数据　问卷，询问用户关于健康饮食的意见。在一周的时间里，他们收到了1000 份问卷。
> 手段　　接下来，他们使用数据分析工具来分析数据。他们发现，有 80%的受访者表示，他们非常关注健康饮食。另外，有 60% 的受访者表示，
> 洞见　他们会尽量选择健康的食物。
> 产品与服务　　最后，他们使用这些信息来调整产品线，推出更多健康的食品选择。他们的销售额随之增加，利润也随之提高。

2.5.1　与数据可视化的关系

数据可视化是数据故事化中常用的叙述手段之一，通过可视化技术可以提升数据故事的可理解性。图 2-30 显示了数据可视化和数据故事化的区别与联系。

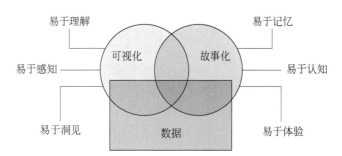

图 2-30　数据的可视化和故事化的区别和联系

1. 易于记忆

斯坦福大学的研究发现，在受调查的人群中，能够记住"故事"的人数可以达到63%。但是，能够记住孤立的统计数据的人数只有5%。可见，故事化描述更容易被人们记住。此外，由于人类的视觉能力最为发达，可视化表示可以提升数据的可理解性。

2. 易于认知

在一项"拯救孩子们"（Save the Children）的公益活动中，研究者通过对两种不同版本的宣传手册（一种是基于故事化描述的版本，另一种是图表式可视化表达的版本）产生的效果进行比较之后发现——拿到基于故事化描述的宣传册的捐赠者会多捐出1.14~2.14美元。相对于可视化表达的高感知能力，故事化描述具有更高的认知能力。因此，数据产品的展现过程往往先采用可视化方式引起人们的感知活动，然后通过故事化方式达到进一步认知的目的。

> 认知通常被认为是比感知更高层次的心理过程。感知是指通过感官来获取外界的信息和数据，如看、听、触摸等。认知则是在感知的基础上进行的更深层次的思维、理解、记忆、推理和问题解决等高级心理过程。

3. 易于体验

相对于数据的可视化表达的高洞见性，数据的故事化描述往往具有更高的参与性和体验性。数据故事化描述的高体验性往往通过两种方式实现：一种是故事的叙述者与受众之间共享相同或相似的情景；另一种是故事的具体表现形式及情节设计。

Tableau 的数据可视化与数据故事化功能

近年来，Tableau 以其简单易用、快速分析、支持大数据、智能仪表板、便于分享以及交互式可视化等特点在数据科学中得到了广泛应用，如图 2-31 所示。Tableau 不仅支持数据可视化，而且也开始涉及数据呈现的另一个问题——数据的故事化，如 Tableau Public 支持数据故事化（data story telling）处理。

2003 年，Tableau 在斯坦福大学诞生，它起源于一种改变数据使用方式的新技术——VizQL 语言。通过 VizQL 技术，用户只需简单拖放操作即可完成较为复杂的可视化处理。

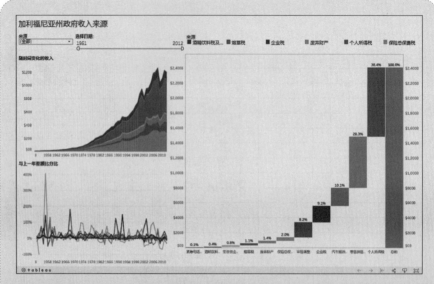

图 2-31　Tableau 中加利福尼亚州政府收入来源数据的可视化

（来源：Tableau 官网）

Tableau 的另一个突破性创新来自其数据引擎技术——Hyper。Hyper 可以在几秒钟之内对几十亿行数据完成临时分析，是 Tableau 平台的另一种核心技术，它利用专有的动态代码生成机制和先进的并行方法提高数据提取的生成速度及查询的执行速度。

2.5.2　主要特征

数据故事和文学故事是既有联系又有区别的两个术语，如表 2-9 所示。联系是指二者在表现手法上具有一致性，均采用故事叙述方法。

（1）数据故事化过程的本质是数据产品开发，主要特点如下：

- 数据故事需满足特定业务的实际需求，与业务耦合度高，具有业务导向性的特点；
- 数据故事的内容必须建立在真实的业务数据上，故事内容可以脱敏但不能虚构，具有数据驱动和以数据为中心的特点；
- 数据故事的研发过程通常采用数据分析、自动化建模与叙述技术，是一项严谨的系统工程，具有技术性和工程性的特点；
- 数据故事的受众为业务及其利益相关者，具有受众范围相对专一，且重视与受众互动的特点；
- 数据故事的有效性取决于所对应业务或项目的有效期，通常其生命期较短。

（2）与数据故事不同，文学故事的特点有：

- 文学故事可以脱离于具体业务需求，更加关注的是教育、娱乐、消遣等高层次需求；
- 文学故事的内容可以虚构或修正真实内容；
- 文学故事的生成过程是文学创作过程，具有文学性和艺术性强、业务导向性不显著的特点；
- 文学故事具有信息传递的单向性、受众范围较为广泛、故事生命期较长等特点。

表2-9 数据故事与文学故事的区别

指标	数据故事	文学故事
动机	面向具体业务需求，动机具有专一性	脱离于具体业务，动机具有通用性
内容	忠于原始数据，不能虚构	可以没有数据依据，也可以虚构
依据	基于数据分析 数据故事化是分析过程	基于想象力和创造力 文学故事化是创造过程
生成技术	自动化技术	人类创作
生成过程	数据→分析模型→故事模型→叙事模型→故事叙述	灵感→叙事模型→故事叙述
理论基础	数据科学、信息图、认知科学、意义构建理论	文学、宗教、哲学、民俗等
与可视化的关系	数据可视化是数据故事化叙述的重要补充手段	数据可视化是文学故事的衍生产品
受众范围	较为专一，离开具体受众不具备可读性	较为广泛，故事对不同受众均有较强的可读性
与受众交互	双向互动	单向传播
生命期	较短	较长

1. 动机

数据故事化的动机是满足具体的业务需求，具有显著的业务导向性，是为具体业务服务的，其目的为开发数据产品。文学故事化动机往往是脱离具体业务的，主要用于教育、娱乐、记事和消遣等目的。

2. 内容

数据故事化以真实的业务数据为基础，数据故事化过程必须遵循忠于原始数据的原则。文学故事化通常没有此限制，故事内容可以虚构。

3. 依据

数据故事化是建立在数据分析的基础上的，常用的数据分析方法包括描述性分析、诊断性分析、预测性分析和指导性分析。此外，在大数据的故事化中，探索性分析也是常用方法之一。文学故事化常使用主观方法，多数基于想象力和创造力。

4. 生成技术

数据故事化主要采用自动化技术，通过数据分析方法依次将数据转换为分析模型、故事模型和叙述模型，并根据业务需要和目标受众的特点选择不同的故事叙述技术，如自然语言生成与文语转换（text-to-speech）、可视化与 VizQL 技术、富媒体、人机交互、虚拟现实与增强现实等。文学故事的生成以人工创作方法为主。

5. 生成过程

数据故事化的生成是较为复杂的工程，需要进行数据理解、明确目的、了解受众、数据加工、故事建模、叙述与交互、持续改进等过程。其中，数据故事化的模型包括分析模型、叙事模型和互动模型。然而，文学故事的生成是较为简单的创造，仅包括叙事模型，一般不涉及分析模型和互动模型。

6. 理论基础

数据故事化的理论基础涵盖数据科学、信息图、认知科学和意义构建理论，具有科学性和技术性。相比之下，文学故事化的理论基础主要包括文学、宗教、哲学和民俗等，具有文学性和艺术性。

7. 与可视化的关系

数据故事化视数据可视化为一个补充手段，用于弥补数据可视化在数据认知和数据记忆方面的不足。在文学故事化中，可视化主要作为故事叙述的一个辅助手段，通常以故事的插图或衍生产品形式出现。

8. 受众范围

数据故事化的受众具有明确的专一性，通常与特定业务相关。因此，数据故事脱离具体业务时可能不具备可读性。相比之下，文学故事的受众具有广泛性和通用性，不受业务的限制，可以跨越不同的业务、机构、地区和国家。

9. 与受众的互动程度

数据故事特别强调与受众的互动，通过互动方式提升数据故事及其数据产品的用户体验。因此，在数据故事中，叙述者和受众之间是双向交流的，受众需要参与到叙述者的叙事活动之中。在文学故事中，叙述者和受众之间的信息传递是单向的，受众很难也没有必要参与到叙述者的故事叙述活动之中。

10. 生命周期

数据故事的生命周期较短，具有临时性，通常受到相关业务的限制。当业务结束时，对应数据故事也将失去意义。相反，文学故事的生命周期更长，可以脱离业务长时间存在，具有更长久的生命期。

2.5.3 故事金字塔模型

图 2-32 给出了数据故事的金字塔模型。从图中可以看出，数据故事以业务为出发点，以数据为基础，依次进行原始数据的分析洞察、故事模型的构建、故事模型的形式化描述以及将故事叙述给目标受众，进而影响受众行为，最终达到满足业务需求的目的。

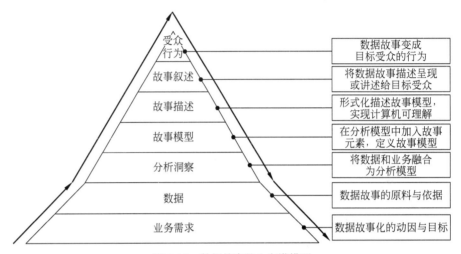

图 2-32 数据故事的金字塔模型

1. 业务需求

是数据故事化的动因与目标。通常，与文学故事不同，数据故事化具有显著的业务需求导向性特征。

2. 数据

是数据故事的原料与依据，主要包括业务数据、业务背景数据以及业务相关的数据等三大类。

3. 分析洞察

采用数据分析和挖掘方法，将数据和业务融合为分析模型。

4. 故事模型

在分析模型中加入故事元素，定义故事模型。

5. 故事描述

采用形式化描述和知识图谱等技术，将故事模型表示成计算机可理解的方式进行描述。

6. 故事叙述

采用自然语言表示、可视化、虚拟现实等技术，将故事描述呈现或叙述给目标受众。

7. 受众行为

在数据故事的叙述过程中，与用户互动并对用户认知产生影响，最终变为用户行动。

2.5.4 EEEs模型

数据故事的主要作用有三个：吸引（engage）、解释（explain）和启发（enlighten），可记为数据故事的 EEE 或 3Es 作用，如图 2-33 所示。数据故事涉及三方面的问题：数据、可视化和叙事。数据故事经常采用数据呈现的另一个技术——数据可视化，但它涉及的不仅仅是呈现图形，还要逐步引导受众认识数据、了解数据并得出结论。

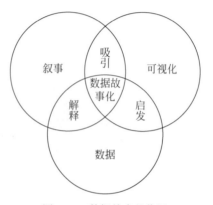

图 2-33　数据故事的作用

1. 吸引

采用"叙事 + 可视化"的方式，将可视化和叙事相结合有助于吸引他人的注意，以受众更容易接受的方式让他们参与其中，从而产生共鸣。

2. 解释

采用"数据 + 叙事"的方式，将叙事方法应用于数据，可以解释数据中正在发生的事情，以及背后隐含的信息。

3. 启发

采用"数据 + 可视化"的方式，将数据和可视化结合起来，可以形成数据的可视化展示，帮助他人加强对数据的理解，得到从数据集合中难以发现的认识。

总之，数据故事将有价值的数据、效果最佳的视觉展示和合理的叙事融合到一起，达到数据故事化的目的。

> LL Bean（L.L.Bean）是美国的一个著名零售品牌，以其户外和休闲服装、鞋类、装备和户外用品而闻名。创始人的故事对于该品牌的宣传起到了重要作用。以下是 LL Bean 创始人的故事：

LL Bean 的创始人是利昂·莱昂伍德·宾（Leon Leonwood Bean），通常被称为"莱昂·宾"（L.L.Bean）。他于 1872 年出生在缅因州的弗里波特（Freeport）小镇，是一位狂热的户外爱好者和猎人。

LL Bean 的创始人莱昂·宾于 1912 年创立了该品牌。故事的核心始于他的狩猎之旅，当时他正前往温特贝克湖进行狩猎。莱昂·宾当时穿着普通的靴子，但在湖中行走后发现他的脚湿透了，这令他感到非常不满。他决定解决这个问题，于是返回家中，将靴子进行了一些改进，增加了防水性能，最终创造出了第一双 LL Bean 的防水狩猎靴，如图 2-34 所示。

- 享受退换货保障
- 防水橡胶靴底
- 舒适的全粒面皮革
- 配有钢柄增加支撑
- 防滑的链状纹路橡胶外底
- 工匠工艺
- 贴合脚型，舒适稳定

为了让户外打猎时保持双脚不湿和舒适，LL Bean的创始人Leon Leonwood Bean将防水橡胶靴缝到了皮革靴面上，设计出了一款适合户外打猎的新靴——鸭靴。但是，首批出售鸭靴的橡胶和皮革拼接处出现脱落，LL Bean 为客户办理了退款。之后，经过长期的设计改进，鸭靴质量得以保障，并一直被户外人士所喜爱。

哪一个版本更为：
- 令人难忘？
- 可能改变你的想法？
- 有说服力？
- 可能会被重述？

图 2-34　LL Bean 公司的公告

1912 年，莱昂·宾成立了 LL Bean 公司，并开始销售改进的防水狩猎靴。这双靴子引起了广泛的关注，客户们纷纷向他订购。他的经验教训和对产品质量的坚持成为 LL Bean 品牌的核心价值观。LL Bean 品牌以品质和耐用性为卖点，一直致力于提供高质量的户外服装和装备。品牌标志着莱昂·宾的坚持和承诺，即为户外爱好者提供可靠的产品，以应对各种气候条件和活动需求。

> **结　语**
>
> 本章从数据加工、数据管理、数据分析、数据可视化到数据故事化，为读者提供了一个全方位、多维度的学习路径。在这一过程中，我们详细探讨了每个环节的核心概念、基本原则、操作流程和应用方法。数据加工和数据管理是确保数据质量的基础，而数据分析和数据可视化则是理解和解释数据的关键。最后，数据故事化以其独特的 EEE 模型（吸引、解释、启发）为我们提供了一种高效、直观且影响力强大的数据传递和解读手段。
>
> **继续学习的建议**
>
> （1）深化理论学习：建议读者深入研读相关领域的学术文献和专著，进一步加深对每一环节的理论理解和学术见解。
>
> （2）实践操作训练：实践是检验真理的唯一标准。读者应将所学知识付诸实践，不断通过实际操作来巩固和加深理论知识，提高技能水平。
>
> （3）参与学术交流：鼓励读者积极参加相关领域的学术会议、研讨会等，与同行交流心得，学习他人的经验和见解，扩大学术视野。
>
> （4）关注前沿动态：数据科学是一个快速发展的领域，新的理论、方法和技术层出不穷。读者应时刻关注领域前沿动态，持续学习，不断更新知识体系。
>
> （5）掌握相关工具与平台：熟悉并掌握更多数据科学相关的工具和平台，例如专业的数据分析软件、可视化工具等，这将有助于提高数据处理和分析的效率和质量。

习题

一、选择题

1. 数据分析的主要目的是什么？

　　A. 存储数据　　　　B. 清洗数据　　　　C. 提取有价值的信息　　D. 创建视觉图表

答案：C。

解析：数据分析的主要目的是从数据中提取有价值的信息以支持决策制定。

2. 以下哪项是数据可视化的重要元素？

　　A. 数据存储　　　　B. 视觉元素　　　　C. 数据清洗　　　　D. 数据收集

答案：B。

解析：数据可视化主要依赖于视觉元素，如图表、图形等，以直观地展示数据。

3. 数据故事化的 EEE 模型中的 'E' 不代表什么？

A. 吸引 B. 解释 C. 启发 D. 执行

答案：D。

解析：EEE 模型包含三个主要元素：吸引、解释、启发。

4. 在数据故事化中，为什么要将叙事与可视化结合？

A. 增加复杂性 B. 减少清晰度 C. 吸引注意力 D. 限制解读

答案：C。

解析：将叙事与可视化结合可以更有效地吸引听众的注意力，并帮助他们更好地理解数据。

5. 以下哪项不属于数据故事化的核心要素？

A. 数据 B. 叙事 C. 可视化 D. 数据存储

答案：D。

解析：数据故事化的核心要素包括数据、叙事和可视化。

6. 在数据分析中，什么类型的分析能帮助预测未来趋势？

A. 描述性分析 B. 推断性分析 C. 预测性分析 D. 诊断性分析

答案：C。

解析：预测性分析使用统计算法和机器学习技术来识别历史和当前数据的模式，并预测未来趋势。

7. 数据可视化的主要目的是什么？

A. 数据存储 B. 数据清洗 C. 数据采集 D. 直观展示数据

答案：D。

解析：数据可视化的目的是使用图表、图形等视觉元素直观地展示数据，便于用户理解和解释。

8. 哪种数据分析方法最适合探索数据之间的关系？

A. 描述性分析 B. 关联性分析 C. 预测性分析 D. 诊断性分析

答案：B。

解析：关联性分析主要用于探索数据之间的潜在关系。

9. 为什么数据可视化是数据故事化中不可缺少的一部分？

A. 提供数据存储 B. 增强数据的吸引力和理解性

C. 提高数据的质量 D. 促使数据清洗

答案：B。

解析：数据可视化通过视觉元素直观地展示数据，从而增强数据的吸引力和理解性，这在数据故事化中是至关重要的。

10. 哪种数据分析方法主要帮助我们理解数据中的模式和趋势？
    A. 描述性分析　　　B. 诊断性分析　　　C. 推断性分析　　　D. 预测性分析
答案：A。
解析：描述性分析主要用于揭示数据中的基本模式和趋势，而不是推断或预测。

11. Min-Max 规范化是一种什么类型的数据标准化方法？
    A. 均值标准化　　　B. 区间标准化　　　C. 正态标准化　　　D. 百分比标准化
答案：B。
解析：Min-Max 规范化将数据缩放到指定的区间（通常是 0 到 1 之间），以保持数据的相对比例。

12. Min-Max 规范化后，数据的最小值和最大值分别是多少？
    A. 最小值为 0，最大值为 1　　　　　B. 最小值为 -1，最大值为 1
    C. 最小值为 1，最大值为 0　　　　　D. 最小值为 0，最大值为 100
答案：A。
解析：Min-Max 规范化后，数据的最小值变为 0，最大值变为 1，数据在此区间内进行标准化。

13. Z-Score 规范化是一种什么类型的数据标准化方法？
    A. 区间标准化　　　B. 百分比标准化　　　C. 正态标准化　　　D. 最小 - 最大标准化
答案：C。
解析：Z-Score 规范化通过将数据转换为符合正态分布的方式来进行标准化。

14. 在 Z-Score 规范化中，如果某个数据点的 Z-Score 为 0，表示什么？
    A. 该数据点在数据集中的排名为第一　　　B. 该数据点的值等于数据的均值
    C. 该数据点的值等于数据的标准差　　　　D. 该数据点在数据集中的排名为中位数
答案：B。
解析：在 Z-Score 规范化中，Z-Score 为 0 表示该数据点的值等于数据的均值，因为 Z-Score 表示数据点相对于均值的偏差程度。

15. 分箱处理是数据预处理中的一项重要步骤，它的主要目的是什么？
    A. 增加数据的维度　　　　　　　　　B. 减小数据
    C. 改善数据的可视化　　　　　　　　D. 将连续数据转化为离散数据

答案：D。

解析：分箱处理的主要目的是将连续数据划分为不同的离散区间，以便更好地处理和分析数据。

16. 在分箱处理中，通常使用哪种方法来确定分箱的边界？
    A. 随机选择 　　　　　　　　　　B. 依据业务经验
    C. 数据的最小和最大值 　　　　　D. 离散化算法

答案：C。

解析：通常，分箱的边界可以基于数据的最小值和最大值来确定，以确保边界覆盖了整个数据范围。

17. 在分箱处理中，每个箱子的数据点数目应该是什么？
    A. 完全相同 　　　　　　　　　　B. 大致相等
    C. 随机分布 　　　　　　　　　　D. 不需要考虑

答案：B。

解析：在分箱处理中，通常希望每个箱子中的数据点数目大致相等，以确保分箱后的数据更加均匀。

18. 分箱处理可以帮助解决什么问题？
    A. 数据的缺失问题 　　　　　　　B. 数据的不一致问题
    C. 连续数据的处理问题 　　　　　D. 数据的排序问题

答案：C。

解析：分箱处理主要用于解决连续数据的处理问题，将连续数据划分为离散区间，便于分析和建模。

19. 数据故事的金字塔模型中的哪一层是最终目标受众最直接接触的？
    A. 业务需求 　　　　　　　　　　B. 数据
    C. 分析洞察 　　　　　　　　　　D. 故事叙述

答案：D。

解析：在数据故事的金字塔模型中，最终目标受众最直接接触的是故事叙述层，这是数据故事向受众呈现的部分。

20. 数据故事的金字塔模型中，分析洞察层的主要任务是什么？
    A. 数据的收集 　　　　　　　　　B. 故事的构建
    C. 数据的解释 　　　　　　　　　D. 目标受众的定义

答案：C。

解析：在数据故事的金字塔模型中，分析洞察层的主要任务是解释数据，揭示数据中的信息和趋势，以便构建故事。

二、简答题

1. 简要解释数据可视化的作用。

回答要点：

数据可视化的作用是以图形方式呈现数据，有助于直观理解数据、发现趋势、识别模式和传达信息。它可以提高数据理解、支持决策制定、传达结果和发现隐藏的信息。

2. 简述数据管理的主要任务。

回答要点：

数据管理的主要任务包括数据采集、数据整合、数据存储、数据清洗、数据分析和数据可视化等阶段。

3. 什么是数据标准化？简要解释 Min-Max 标准化的原理。

回答要点：

数据标准化是将数据缩放到特定范围或均值为 0、标准差为 1 的过程。Min-Max 标准化通过线性变换将数据缩放到指定的最小和最大值之间，公式为 $X_{norm} = \dfrac{X - X_{min}}{X_{max} - X_{min}}$。

4. 什么是数据分箱处理？简述等宽分箱的原理。

回答要点：

数据分箱处理是将连续数据划分为若干个区间或箱子的过程。等宽分箱将数据均匀划分为相等宽度的区间，可用公式计算：箱宽 =（最大值 – 最小值）/ 箱的数量。

5. 简要描述数据故事的金字塔模型的关键层次。

回答要点：

数据故事的金字塔模型包括业务需求、数据、分析洞察、故事模型、故事描述、故事叙述和受众行为。其中，分析洞察层主要负责解释数据中的信息和趋势。

6. 简述数据故事的主要作用，以及 EEE 模型代表的含义。

回答要点：

数据故事的主要作用是吸引、解释和启发受众。EEE 模型代表吸引、解释和启发这三个作用，用于传达和解释数据信息。

7. 为什么数据故事化在数据分析中至关重要？简要说明其优点。

回答要点：

数据故事化有助于提高数据可理解性、记忆性和参与性，促使受众更好地理解数据、做出决策并采取行动。其优点包括更好的信息传递、受众参与和数据解释。

8. 简要说明数据预处理的主要任务。

回答要点：

数据预处理的主要任务包括数据清洗（处理噪声、缺失值、异常值等）、特征工程（选择、构建、转换特征）、数据降维、数据标准化等。

第 3 章 数据科学的方法与技术

> 道以明向，法以立本，术以立策，器以成事，势以立人。
>
> ——摘自《道德经》

1. 学习目的

本章旨在帮助学习者掌握数据科学领域的关键方法与技术，使其能够理解和应用人工智能、机器学习、深度学习、大数据技术以及数据科学编程语言，为解决复杂问题和数据驱动的决策提供坚实的基础。

2. 内容提要

本章将涵盖以下 5 个主要内容。

人工智能：深入探讨人工智能的定义、发展历史、应用领域以及未来趋势。重点介绍人工智能的核心概念和方法，如机器学习和深度学习。

机器学习：详细介绍机器学习的基本原理、分类、回归、聚类等常见任务，以及常用的算法和工具。学习者将了解如何构建和评估机器学习模型。

深度学习：深入研究深度学习的定义、特征、神经网络模型和常见的深度学习架构。强调深度学习在计算机视觉、自然语言处理和强化学习等领域的重要性。

大数据技术：探讨大数据的概念、挑战和机遇。学习大数据处理和分析的关键技术，包括分布式计算、数据存储、数据处理工具等。

数据科学编程语言：介绍数据科学领域常用的编程语言，重点聚焦于 Python 和 R 的特点、应用领域和区别。学习者将了解如何使用这些语言进行数据处理和分析。

3. 学习重点

了解人工智能、机器学习和深度学习的区别与联系，以及它们在数据科学中的角色和应用。

掌握常见的机器学习算法和深度学习算法，理解它们的工作原理和适用场景。

学习大数据技术，包括大数据存储、处理、分析和可视化的思路。

对数据科学编程语言有深入了解，能够根据需求选择合适的语言和工具进行数据处理和分析。

4. 学习难点

深度学习的复杂性：深度学习算法较复杂，需要深入理解神经网络原理和参数调整。

大数据处理：处理大规模数据时可能面临性能和存储方面的挑战。

合适的编程语言和工具：根据具体任务选择适当的数据科学编程语言和包/库可能需要一些实践经验。

3.1 人工智能

3.1.1 定义及特征

人工智能（artificial intelligence，AI）是指由人造的系统所展现出来的智能，与人类或动物的自然智能相对。这个领域是计算机科学的一个分支，主要研究和开发能够模拟、扩展和实现人类智能的各种理论、方法、技术及应用系统。

人工智能的特征或特性可以从不同的角度和层面进行总结和划分，以下是一种常见的将人工智能的特性归纳为六大特征的方法。

1. 模拟人类思维

人工智能（AI）旨在模拟人脑的思维过程，实现学习、推理、问题解决、感知和语言理解等能力。

2. 学习能力

人工智能系统能够学习，这意味着它们能够根据新数据或经验改进自己的性能。这通常通过机器学习算法实现，深度学习是机器学习的一个子集。

3. 自适应性

AI系统具有适应性，能够适应环境的变化，并改进自己的性能。这包括能够在新的、未知的或不确定的情况下做出有效响应。

4. 处理大量数据

AI系统能够快速有效地处理、分析和解释大量数据，从而从中提取有价值的信息和知识。

5. 自动化和自主性

AI系统可以在没有人工干预的情况下，自动完成各种任务。一些高级AI系统甚至能够在一定范围内做出决策和执行任务，展现出一定程度的自主性。

6. 交互性和人性化

AI系统具有高度的交互性，能够与用户以及其他系统进行交互。通过自然语言处理和生成、语音识别等技术，AI能够以更自然、更人性化的方式与人类用户交互。

这些特性使得人工智能在许多领域中都具有广泛的应用潜力，并且正在不断地发展和演化。

> 人工智能（AI）的概念诞生于1956年，在美国达特茅斯学院（Dartmouth College）举行的一场著名的夏季会议上。这场会议聚集了一群对计算机和人工智能感兴趣的科学家，他们探讨了使机器能够模拟人类智能的所有方面的可能性，从而奠定了人工智能学科的基础，这次会议后来被视为人工智能研究领域的开端。

> **图灵测试**
> 图灵测试是由英国数学家、逻辑学家和计算机科学的先驱艾伦·图灵（Alan Turing）在1950年提出的，旨在评估计算机或机器是否具有

在1950年，图灵写了一篇名为《计算机器与智能》(Computing Machinery and Intelligence)的文章，其中他描述了后来被称为"图灵测试"(Turing test)的内容。这个测试也被称为"模仿游戏"(Imitation game)，其目的是评估一台机器中是否存在"人类"智能。

真正的智能，也就是人工智能。图灵测试的基本思想是，如果一台机器的行为在某种程度上无法与人类行为区分，那么这台机器就可以被认为具有智能。

图灵测试的基本设置通常包含三个参与者：一位人类询问者（C）、一位人类回答者（A）和一台计算机（B）。询问者的任务是通过提出问题来判断哪一个是人类，哪一个是计算机。整个测试过程中，询问者无法看到或听到回答者和计算机，所有的交流都是通过文本进行的，如图3-1所示。

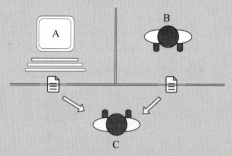

图3-1　图灵测试的示意图

图灵测试的目标是，如果询问者无法准确判断出哪个是人类、哪个是计算机，或者询问者错误地认为计算机是人类，那么计算机就通过了图灵测试，可以被认为展现了人工智能。

尽管图灵测试是人工智能领域一个历史悠久且广泛讨论的概念，但它也存在一些争议和局限性。一方面，通过图灵测试的机器可能只是很好地模拟了人类行为，而没有真正地理解或意识；另一方面，一些具有特定智能但不擅长交流的系统可能无法通过图灵测试。

3.1.2　主要类型

在讨论人工智能时，通常会区分两大类别：弱人工智能（专用人工智能）和强人工智能（通用人工智能），如表3-1所示。

弱人工智能（weak AI）与强人工智能（strong AI）是从智能的深度或强度角度来判断是否接近甚至超过人的智能。

专用人工智能（narrow AI）与通用人工智能（general AI）是从智能的广度角度判断其应用是否仅限于特定领域。

表3-1　弱人工智能和强人工智能的比较

特性	弱人工智能	强人工智能
定义	设计和训练用来执行特定任务的AI系统	具有人类水平智能，能够执行广泛范围内的任务的AI系统
特征	任务专一 缺乏一般性智能 操作范围有限	任务通用 具有一般性智能 自主性高
优势	高效率：对特定任务有高效性和准确性 实用性高：已广泛应用于多个领域 开发相对容易	灵活性：能适应各种不同的任务和环境 学习能力：能进行自主学习和推理 通用性：理论上能完成任何人类能够完成的任务
劣势	应用范围有限 不能进行自主学习和推理	开发难度大：目前尚未实现 道德和伦理问题：可能涉及复杂的道德伦理问题和挑战

续表

特性	弱人工智能	强人工智能
举例	Siri、Alexa 等语音助手 Netflix 的推荐算法 脸部识别技术	目前仍属于理论和研究阶段，如科幻作品中的机器人等

1. 弱人工智能

弱人工智能指的是被设计用来执行特定任务的 AI 系统，仅限于这些任务。这些 AI 系统擅长其被指定的功能，但缺乏一般性智能。弱人工智能的例子包括像 Siri 或 Alexa 这样的语音助手，推荐算法，以及图像识别系统。弱 AI 在预定义的边界内操作，并且不能推广到其专业领域之外。

> 目前，ChatGPT 属于弱人工智能。虽然它在处理自然语言处理任务上表现得相当出色，但它仍然是专门针对特定任务（即文本生成和理解）而设计和训练的。它缺乏真正的一般性智能，不能像人类那样在各种各样的任务上进行推理、学习和适应。

2. 强人工智能

强人工智能，也被称为一般人工智能，指的是具有人类水平智能或者在广泛的任务范围内超越人类智能的 AI 系统。强人工智能将能够理解、推理、学习，并应用知识以类似人类认知的方式解决复杂问题。然而，强人工智能的开发至今仍然大部分是理论性的，尚未实现。

这两种类型的人工智能各有特点和应用领域，反映了人工智能技术的多样性和发展潜力。

碳智能与硅智能

人们通常以"碳智能"（carbon intelligence）与"硅智能"（silicon intelligence）这两个术语来描述生物智能与机械或人工智能。

1. 碳智能

"碳智能"一般是指由碳基生命体，尤其是人类，所展现的智能。此类智能包含人脑中数千亿神经元和数万亿神经突触间的复杂互动。人类智能能够进行抽象思维、创造性思考、感知、情感反应、学习和适应性等，并且是多模态的，能够处理来自众多感官的输入，例如视觉、听觉和触觉。

2. 硅智能

"硅智能"则指的是基于硅的计算设备，例如计算机和相关系统所实现的智能。这主要是通过人工智能算法和技术来实现的。硅智能能够执行特定的任务，处理数据，进行学习，甚至能够进行某种形式的推理和问题解决。硅智能的优点在于其能够处理大量的数据，进行高速计算，无须休息，且不受人类的生理限制。

科技的不断发展使得碳智能与硅智能逐渐实现互补，它们共同推动着科学、工程、艺术等多个领域的发展和进步。

3.1.3 与数据科学的关系

人工智能为数据科学的理论研究和实践应用提供了一系列的先进技术和方法,以实现更为深度和广度的数据理解和利用。人工智能对数据科学在理论和实践层面的主要贡献如下。

1. 增强分析能力

人工智能技术,尤其是深度学习和机器学习,为数据科学提供了强大的分析工具,使得数据科学家能够揭示复杂数据集中深层次的模式和趋势。这大大加强了数据科学在预测分析、分类和聚类等方面的能力。

2. 多模态数据处理

人工智能能够处理多种类型的数据,包括自然语言、图像和声音,实现跨模态的数据融合和分析。这极大地丰富了数据科学的应用领域,推动了多模态数据研究的发展。

3. 自动化和优化

人工智能能够实现数据分析过程的自动化和优化,减轻了数据科学家的工作负担,提高了分析的效率和准确性。通过自动特征工程和超参数优化等技术,人工智能加速了模型开发和部署的过程。

4. 实时数据处理和决策支持

借助人工智能,数据科学可以实时分析大量数据流,为实时决策提供即时的洞见和建议。这对于需要快速响应和动态调整策略的领域,例如金融交易和网络安全,具有巨大价值。

5. 创新性应用开发

人工智能推动了数据科学的创新应用,例如智能推荐系统、自然语言生成和语音识别。这些创新性应用正在改变着我们的生活和工作方式,展现出人工智能和数据科学的巨大潜力。

6. 理论深化和模型发展

人工智能推动了数据科学理论的深化和新模型、新算法的发展,为解决复杂和前沿的问题提供了新的思路和方法。

3.1.4 主要内容

人工智能的主要研究内容如下。

1. 智能感知

智能感知(intelligent perception)是人工智能的一部分,其模拟人类对外部环境进行感知的过程。通过利用多种传感器和设备,智能感知捕获外部环境的各类信息,例如图像、声音和温度。该技术在自动驾驶汽车和健康监测等多个领域均有广泛应用。

2. 人机交互

人机交互（human-computer interaction）关注人与计算机之间的交互方式，其目标是设计出能够使人与机器以更加和谐、自然的方式协作的界面和交互方法。人机交互的研究涉及用户体验、易用性和交互设计等多个方面。

3. 机器学习

机器学习（machine learning）是人工智能的核心部分，主要研究计算机如何从数据中学习。机器学习包括监督学习、无监督学习和强化学习等多个子领域，并在预测、分类和聚类等多个任务中得到应用。

4. 认知计算

认知计算（cognitive computing）模拟人脑的信息处理模式，旨在构建能够理解、学习和进行推理的计算模型。通过对自然语言、图像和声音的处理，认知计算系统能以更加自然的方式与人类进行交互。

5. 自然语言处理

自然语言处理（natural language processing，NLP）专注于开发使计算机能够理解、解析和生成人类语言的算法。自然语言处理技术在机器翻译、文本分析和情感分析等领域均有广泛应用。

6. 智能机器人

智能机器人（intelligent robot）集成了计算机视觉、机器学习和自然语言处理等多个人工智能技术，以完成各种任务。智能机器人既可以是具有物理形态的，如自动驾驶汽车；也可以是无形的，如聊天机器人。

7. 智能应用技术

智能应用技术（intelligent application technologies）关注如何将人工智能技术应用于解决实际问题，例如智能健康、智能交通和智能教育。这一领域集成和优化了各种人工智能技术，以适应和解决特定领域内的问题。

3.2 机器学习

人工智能、机器学习、深度学习、大模型四者的关系可以类比为：人工智能是一个大学，机器学习是其中的一学院，深度学习是这一学院中的某一系。

人工智能、机器学习、深度学习和大模型的区别与联系

人工智能是最广泛、最宽泛的概念，它包含了所有使机器表现出智能行为的方法、技术和应用；机器学习是人工智能的一个核心子集，它的核心思想是使计算机能够从数据中学习，并对未来数据进行预测或决策；深度学习是机器学习的一个子领域，主要研究深度神经网络；大模型是深度学习的一部分，指的是在深度学习中，模型的规模（例如，模型参数的数量）变得非常庞大，如图3-2所示。

图 3-2 人工智能、机器学习和深度学习的区别与联系

人工智能是最广泛的概念，起源于 20 世纪 50 年代。其旨在创建能够执行通常需要人类智能的智能代理。机器学习是实现人工智能的一种方法，它起源于 20 世纪 80 年代。深度学习是机器学习的一个子集，主要涉及神经网络，特别是在 21 世纪初，有了大量数据和强大计算能力的支持，深度学习取得了显著进展。最后，大模型，如 GPT-3 和 GPT-4 等，是近几年深度学习研究中的一个重要方向，它们利用巨大的模型和大量的数据来进行训练，以实现更广泛、更准确的多任务学习。

3.2.1 定义及特征

机器学习是人工智能的一个分支，它的核心是研究如何使计算机通过经验来改善性能。在机器学习中，算法通过从数据中学习模式和规律，从而使模型具备在新的未知数据上进行预测或分类的能力。

机器学习主要关注开发、研究和应用那些能使计算机从数据中学习的算法。机器学习的目标是开发出能从数据中自动提取知识的方法，以便更好地理解世界并做出更加准确和自动化的决策。

在数据科学中，机器学习占据着核心地位。数据科学使用科学方法、过程、算法和系统从数据中提取知识和洞察。而机器学习提供了实现这一目标所需的一组强大的工具和技术，使得组织能够从大量复杂的数据中提取有价值的信息和知识，驱动创新与发展。

机器学习的特征可以从多个角度进行描述，以下是机器学习的主要特征。

1. 基于数据的学习

与传统的编程方法不同，机器学习模型并不完全依赖预定义的规则或指令，而是基于大量数据进行训练，从中学习模式和规律。

2. 泛化能力

机器学习模型的目标不仅仅是在训练数据上表现良好，更重要的是在未见过的数据上展现出良好的预测或分类能力，这种能力被称为泛化。

3. 自动化和适应性

机器学习模型一旦被训练好，能够自动处理新的输入数据并做出决策。同时，许多机器学习模型具有适应性，能够随着数据的变化自动调整。

4. 高维数据处理

很多机器学习算法能够处理高维度的数据，这使得它们在诸如图像识别、文本处理等领域中变得尤为重要。

5. 与其他领域的交叉

机器学习经常与其他领域（如统计学、优化、神经科学）交叉，从而导致新算法和方法论的产生。

6. 解释性的挑战

虽然某些简单的机器学习模型（如决策树、线性回归）具有较好的解释性，但对于复杂的模型（如深度神经网络），如何解释它们的决策仍然是一个挑战。

3.2.2 主要类型

根据学习任务的不同，机器学习算法通常分为有监督学习（supervised learning）、无监督学习（unsupervised learning）和半监督学习（semi-supervised learning），如图 3-3 所示。

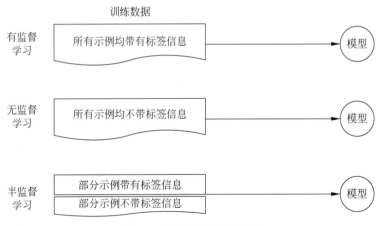

图 3-3 机器学习算法的类型

1. 有监督学习

有监督学习用已知模式去预测数据，其使用前提是训练集为带标签数据（labeled data），即训练集中的每个示例（examples）均带有自己的输出值——标签（labels）。常见的有监督学习算法有最近邻（nearest neighbor）、朴素贝叶斯、决策树、随机森林、线性回归、支持向量机（support vector machines，SVM）和神经网络分析等算法。

2. 无监督学习

无监督学习常用于从数据中发现未知的模式信息，当训练集中未带标签信息时，通常采用无监督学习算法。常见的无监督学习算法有 k-means 聚类、主成分分析、关联规则分析等。

3. 半监督学习

当训练集中的部分样本缺少标签信息时，通常采用半监督学习。常见的半监督学习算法有半监督分类方法（如生成式方法、判别式方法等）、半监督回归方法（如基于差异的方法、基于流形学习的方法）、半监督聚类方法（如基于距离的方法和大间隔方法等）和半监督降维方法（如基于类标签的方法和基于成对约束的方法）。

3.2.3 与数据科学的关系

> 参见本书 1.3.1 节。

机器学习为数据科学提供了一套独特而系统的数据分析和挖掘方法论，与统计学和数据可视化一同，构建了数据科学的基础框架。在 Drew Conway 所描绘的数据科学韦恩图中机器学习占有核心地位，因为它综合运用了数学模型、计算技术以及对特定领域的深刻理解，来发现数据中潜藏的知识和见解。这一点反映了机器学习在数据科学中的不可替代性和关键性，它在处理各类数据问题时能够发挥极大的潜力和价值。

机器学习作为一种用于构建从数据中学习的算法的科学方法，为数据科学的理论研究和实践应用提供了丰富的资源和可能性。以下是机器学习对数据科学所做的一些重要贡献。

1. 数据驱动的模型构建

机器学习提供了一种数据驱动的方法来构建模型和算法。这种方法使得数据科学家可以发现数据中的模式和关系，而无须显式编程。这一点对于处理复杂系统和大量非结构化数据至关重要。

2. 预测分析与数据洞见

借助机器学习，数据科学家可以构建出功能强大的预测模型。这些模型不仅可以预测未来事件的可能结果，还能深入挖掘数据中的潜在洞见，为决策过程提供科学依据。这一进展在金融、医疗、市场营销等众多领域均得到了广泛应用。

3. 特征学习和特征工程

机器学习方法可以自动发现数据的重要特征，降低了特征工程的复杂性。自动特征学习是深度学习等高级机器学习模型成功的关键因素之一。

4. 模式识别和异常检测

机器学习的算法用于识别复杂数据集中的模式和趋势，并可用于检测数据中的异常值，这在信用卡欺诈检测、网络安全等领域具有重要应用。

5. 多模态数据处理

机器学习在处理多模态数据，如自然语言、图像和语音等方面具有显著优势。通过学习这些不同类型的数据，机器学习模型能够更为全面和准确地捕捉到数据中的复杂性和多样性，为各类应用提供强大支持。

6. 多领域应用

机器学习技术在各个领域中都得到了应用，包括但不限于健康科学、金融、教育和制造业，推动了这些领域的发展和革新。

3.2.4 常用机器学习算法

通常根据属性值是否为连续属性（continuous attribute，即可以取无穷多个可能值的属性），可将有监督学习算法和无监督学习算法进一步分为4大类，如图3-4所示。

	无监督	有监督
连续型	聚类 k-means、GMM、LVQ DBSCAN AGNES 维度下降 SVD、PCA	回归 线性回归 多项式回归 决策树与随机森林
分类型	关联规则分析 Apriori FP-Growth	分类 KNN 逻辑回归 朴素贝叶斯 SVM 决策树与随机森林

图3-4 有监督学习算法和无监督学习算法的分类

1. 关联规则分析

关联规则分析（association rule analysis）为无监督学习方法，处理的属性为分类型属性。其中，Apriori 和 FP-Growth 算法应用较为广泛。

2. 回归

回归（regression）属于有监督学习方法，涉及的属性为连续型属性。在此类别中，线性回归、多项式回归、泊松回归算法较为常见。决策树与随机森林算法可应用于解决分类问题，亦适用于回归问题。

3. 分类

分类（classification）也属于有监督学习方法，处理的属性为分类型属性。在该类中，k-最近邻（KNN）、逻辑回归、朴素贝叶斯、支持向量机（SMV）、决策树及随机森林等算法较为常见。

4. 聚类

聚类（clustering）为无监督学习方法，涉及的属性为连续型属性。在此领域中，k均值（k-means）、高斯混合模型（GMM）、学习向量量化（LVQ）、基于密度的聚类（DBSCAN）以及凝聚式嵌套（AGNES）等算法被广泛应用。

5. 降维

降维（dimensionality reduction）属于无监督学习方法，处理的属性为连续型属性。在该方法中，奇异值分解（SVD）与主成分分析（PCA）算法应用较为广泛。需要指正的是，降维被误翻译为 gradient descent（梯度下降），实际上梯度下降是一种优化算法，并非降维方法。

6. 集成学习

集成学习（ensemble learning）综合应用多种基础算法，旨在减轻单一模型可能出现的过拟合问题。常见的集成学习算法有随机森林、自适应增强（AdaBoost）、极端梯度提升（XGBoost）和 LightGBM 等。

7. 增强学习

增强学习（reinforcement learning）主要探讨如何指导自治 Agent 学习以实现最优行动选择。在增强学习任务中，Agent 需与环境互动，并根据采取的行动接收奖励或惩罚。一般而言，增强学习任务常通过马尔可夫决策过程进行描述，并常采用蒙特卡洛方法和 Q-Learning 算法。

除了深度学习、集成学习和增强学习之外，近年来联邦学习（federated learning）、元学习（meta learning）和可解释机器学习（interpretable machine learning）以及机器学习的可解释性也成为机器学习的研究热点。鉴于编写定位及篇幅限制，本书不再详细介绍上述算法或技术。

> **常用术语及其联系**
>
> 在机器学习中，算法（algorithm）是用来训练模型（model）的方法，算法所训练出的模型通常由参数（parameter）定义或表示。有时，训练模型的过程涉及选择最佳超参数（hyperparameter），学习算法将使用这些超参数来学习将输入特征（自变量）正确映射到标签或目标（因变量）的最佳参数，从而调节模型的预测能力，如表3-2所示。

表 3-2 算法、模型、参数和超参数的区别与联系（以简单线性回归为例）

术语	功能	举例
算法	用于训练模型的方法	线性回归算法、KNN 算法等
模型	算法所训练出的结果	$y = \beta_1 x + \beta_0$
参数	用于描述一个具体的模型的参数，其取值可以由训练集训练得出	β_1 和 β_0
超参数	控制机器学习过程并确定学习算法最终学习的模型参数值的参数	训练集和测试集的划分比例

1. 算法

用于训练模型的方法，可分为监督学习、无监督学习和半监督学习等类型，例如本书后续章节将介绍的简单线性回归算法、KNN 算法、k-means 算法、SVM、逻辑回归算法等。

2. 模型

机器学习算法采用已知数据集训练出的结果，即模型是算法的输出，由训练数据和算法共同决定一个模型。由于同一个算法在不同训练集上训练出的模型可能不同，算法和模型之间并非为一一对应关系。例如，简单线性回归算法在不同训练集（如父子身高数据集、某企业广告投入与销售额数据集等）上训练出的多个不同的模型，这些模型的区别在于参数取值不同。例如，基于父子身高数据集训练出的模型为 $y = -0.04x + 77.69$，基于某企业广告投入与销售额数据集训练出的模型为 $y = 195.34x + 23.5$。

3. 参数

参数可以分为算法参数和模型参数。其中，算法参数又称为"超参数"，而模型参数统称为"参数"。算法参数和模型参数的区别在于前者由数据分析师来手动指定，而后者可以通过机器学习自动训练，如图 1-4 所示。因此，（模型）参数用于描述一个具体的模型。通常，同一个算法所训练出的模型的参数个数和类型是一致的，区别在于参数取值。例如，简单回归分析中的斜率和截距项。

4. 超参数

控制机器学习过程并确定学习算法最终学习的模型参数值的参数，例如，训练集和测试集的分割比例、优化算法中的学习率、聚类算法中的聚类数、多数算法中的损失函数、神经网络学习中的激活函数、神经网络中的隐藏层数及迭代次数（epoch）等。

图 3-5 给出了 Python 机器学习第三方包 scikit-learn 中常用的超参数和参数。

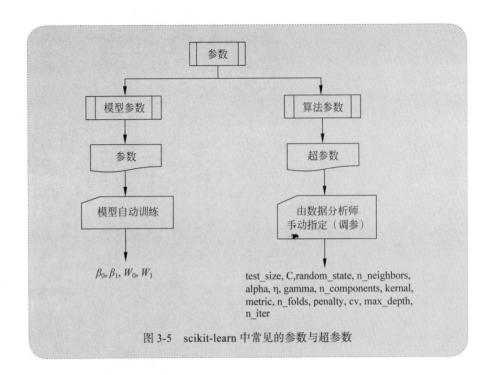

图 3-5 scikit-learn 中常见的参数与超参数

3.3 深度学习

3.3.1 定义及特征

深度学习是机器学习的一个子集或一种特例,它模仿人脑中神经网络的工作原理,使计算机能够从数据中学习并进行智能决策。深度学习主要使用神经网络模型,尤其是深度神经网络,这些网络包含多个隐藏层来进行学习和预测。深度学习有四个主要特征。

(1)层次化表示学习。深度学习模型以多层神经网络的形式,学习数据的层次化表示,能够揭示复杂和抽象的特征与模式。

(2)自动特征工程。深度学习模型具有自主进行特征提取与学习的能力,降低了对手动设计特征的依赖。

(3)大数据适应性。深度学习模型通常需借助大量标注数据进行训练,并且其性能表现在大数据集上尤为优越。

(4)多领域应用。深度学习在诸如图像识别、自然语言处理、语音识别、游戏以及医学诊断等多个领域都已取得重要成功。

3.3.2 主要类型

深度学习的类型较多,比较常见的模型有六种。

(1)基于空间结构的模型。依赖于输入数据的空间结构信息,卷积神经

CNN：convolutional neural network（卷积神经网络）

网络（CNN）因其能够有效地学习和识别图像中的局部模式而被广泛应用于图像分类、目标检测等任务。

（2）基于时间/序列结构的模型。专门处理序列数据，例如时间序列数据或自然语言文本。循环神经网络（RNN）和长短期记忆网络（LSTM）能够捕获数据中的时间依赖性和序列模式，适合处理如文本和音乐等顺序数据。

RNN：recurrent neural network（循环神经网络）
LSTM：long short-term memory（长短期记忆网络）

（3）基于生成能力的模型。专注于生成新的数据样本，生成对抗网络（GAN）和生成预训练变换器（GPT）等模型能够学习真实数据的分布，并生成与真实数据相似的新数据。

GAN：generative adversarial network（生成对抗网络）
GPT：generative pre-trained transformer（生成预训练变换器）

（4）基于注意力机制的模型。注意力机制允许模型在处理输入数据时，集中关注最重要的部分。Transformer模型和GPT等模型利用自注意力机制捕获输入序列中不同位置之间的依赖关系，以更准确地理解文本。

（5）基于嵌入和表示学习的模型。这些模型致力于学习数据的高效表示或嵌入。基于Transformer的双向编码器表征（BERT）模型能学习词语和上下文之间的复杂关系，为各种自然语言处理任务提供强大的预训练模型。

BERT：bidirectional encoder representations from transformers（基于Transformer的双向编码器表征）

（6）基于强化学习的模型。通过与环境的交互学习来最大化某一奖惩信号。深度Q网络（DQN）结合深度学习和Q学习，适用于高维空间中学习最优策略。

DQN：deep q-network（深度Q网络）

3.3.3 与数据科学的关系

深度学习以其独特且强大的数据分析能力，正在推动数据科学领域向更高层次、更宽广域和更深程度发展，为理论探索和实际应用奠定了坚实基础。深度学习能够自动学习特征表示，对数据进行高层抽象，从而捕获复杂的模式和规律。

1. 数据表征能力

深度学习通过自我学习和抽象的能力，可以处理复杂且高维度的非结构化数据，这在很大程度上扩展了数据科学的应用范围和深度，使得数据科学家能够更好地理解和解析图像、文本、声音等数据。

2. 非结构化数据解析

深度学习在图像识别、自然语言处理、语音识别等非结构化数据分析领域显示出了极高的准确性和灵活性，推动了这些领域的研究和应用进展。

3. 解决复杂问题

深度学习模型能够模拟人脑的工作机制，解决传统算法无法解决的复杂问题，这对于理论研究和实践应用都具有深远的影响。

4. 跨领域应用

深度学习在生物信息学、医疗诊断、自动驾驶、实时翻译等领域均取得了突破性进展，极大地推动了这些领域的科学研究和实践创新。

5. 创新与突破

深度学习不仅加速了数据科学领域的创新和突破，更在实际应用中，如增强现实、网络安全、智能交通等领域，实现了技术革新和应用升级。

3.3.4 常用深度学习算法

深度学习技术旨在模拟人类大脑的神经网络运作机制，赋予计算机学习和推理的能力，进而能够解答各种复杂的问题。接下来，我们将详尽地探讨几种在实际应用中被广泛使用并具有显著代表性的深度学习算法或框架。

1. CNN（卷积神经网络）

> CNN 主要解决了传统神经网络参数数量过多、缺乏平移不变性和难以学习空间层次特征等问题，特别适用于图像和视频分析领域。

CNN 主要应用于图像识别和视频分析。通过卷积层，CNN 能够学习到图像的局部特征，并且具有平移不变性。

2. RNN（循环神经网络）

> RNN 主要解决了 CNN 在处理序列数据和时间依赖性时的局限性，使其能够处理如时间序列和自然语言等具有时间或顺序关系的数据。

RNN 是一种适用于序列数据（如时间序列或自然语言）的神经网络。RNN 能够捕捉序列中的时间依赖性，但对于长序列，RNN 会遇到梯度消失和梯度爆炸的问题。

3. LSTM（长短时记忆网络）

> LSTM 解决了 RNN 在处理长序列数据时遇到的梯度消失和梯度爆炸问题，使得网络能够更好地学习长期依赖关系。

LSTM 是 RNN 的一种变体，用来解决长序列训练中的梯度消失问题。通过引入门结构，LSTM 能够学习长期依赖关系，使其在许多 NLP 任务中表现优异。

4. Transformer

> Transformer 通过自注意力机制实现序列中所有元素的并行处理，解决了 LSTM 的顺序处理限制和长距离依赖问题，从而提高了模型的训练效率和可扩展性。

Transformer 模型是 *Attention is All You Need* 论文中提出的，它完全基于自注意力机制，放弃了卷积层和循环层。Transformer 模型在处理序列数据，尤其是 NLP 任务时表现出色，已成为很多后续模型的基础。

5. BERT

> 据传说，盘古的左眼和右眼在他去世后分别变成了月亮和太阳。以这个传说为灵感，我们可以比喻地说，Transformer 模型中的 Encoder 部分演变成了 BERT 模型，而 Decoder 部分则演变成了 GPT 模型。

BERT 是基于 Transformer 架构的预训练语言模型，通过考虑整个文本序列的上下文信息（双向），使得模型在多个 NLP 任务中达到了前所未有的效果。

6. GPT

> ChatGPT 是基于 GPT 架构并进行了特定的优化和调整，使其更适合进行对话和会话型任务的模型。

GPT 也是基于 Transformer 的模型，但与 BERT 不同，GPT 是单向的，并且是以生成模型进行训练的。它首先在大量无标记文本上进行预训练，然后在特定任务上进行微调。

3.4 大数据技术

3.4.1 定义与特征

大数据技术是一套涵盖了数据的采集、存储、管理、分析和应用等全过程的技术体系。它能够处理非常庞大和复杂的数据集，为各类组织提供深入洞察，以驱动业务决策和创新。大数据技术适用于多种类型的数据，包括结构化、半结构化和非结构化数据，可以实时或批量处理。大数据技术有高扩展性、分布式计算与存储等特性。

1. 高扩展性

大数据技术具有极高的扩展性，可以迅速适应持续增长的数据量和计算需求。通过分布式系统的设计，能够无缝集成新增的存储和计算节点，以保证系统的稳定性和可靠性。

2. 分布式计算与存储

大数据技术采用分布式计算和存储解决方案，这使得大量的数据可以被分片存储和并行处理，极大地提高了数据处理和分析的效率。

3. 多样性和复杂性

大数据技术具备处理多种类型和来源的数据的能力，这包括结构化数据、半结构化数据和非结构化数据。这一特征允许企业从多个维度进行数据分析，以获取更为全面和深入的业务洞察。

4. 实时性

大数据技术支持实时或近实时的数据处理和分析，可以即时响应业务需求并做出决策。这一特性对于需要快速响应和决策的场景至关重要，如金融交易和在线服务等。

5. 高性能分析

大数据技术借助先进的计算能力，可以进行高速、高效的数据分析。应用高性能分析方法可以帮助企业迅速发现潜在的商业价值和市场趋势。

6. 安全性与隐私保护

在大数据环境中，保护数据安全和用户隐私成为重中之重。大数据技术采取多种安全机制和策略，例如加密、访问控制和审计，以防止数据泄露和未经授权的访问。

7. 弹性计算

弹性计算是大数据技术的重要特性之一，它允许系统根据实际的计算需求动态地分配和回收计算资源。这种灵活性确保了计算资源的最优利用，并能够更好地应对数据量和计算负载的变化。

8. 虚拟化

通过虚拟化技术，大数据环境可以实现资源的最大化利用。虚拟化允许多个操作系统和应用共享一台物理服务器的资源，支持快速部署、迁移和恢复。

9. 自动化与智能化

大数据技术积极采用自动化工具和人工智能算法，实现数据处理流程的自动化和智能化，从而减少人工干预，提高数据处理的准确性和效率。

10. 云服务集成

大数据技术与云服务的集成，提供了灵活的数据存储、处理和分析解决方案。这种集成不仅简化了大数据架构的管理和维护，还支持按需付费，降低了企业的成本。

> 云计算和大数据技术是两个不同但高度相关的概念。云计算提供了一种计算模型，它允许用户通过网络（通常是互联网）来获取计算资源、存储和服务。而大数据技术则是一系列用于存储、管理、处理和分析大规模数据集的技术和工具。

"云计算"是什么？

云计算是什么？与 MapReduce、GFS、BigTable、Hadoop、Spark 之间是什么关系呢？其实，云计算的本质是一种"计算模式"，并不是一个特定的技术。更准确讲，云计算是集中式计算、分布式计算（Distributed Computing）、并行计算（Parallel Computing）和网格计算（Grid Computing）等不同计算模式相互融合的结果，或者可以说是上述计算模式的商业实现。云计算之所以广泛被使用，是因为有两个主要原因：一是包括 Google、IBM、微软、SUN 等不同公司都推出并采用了云计算技术，云计算成为 IT 产业界的共识；二是大数据时代的到来需要新的计算能力和计算模式——一种成本低且具有弹性计算能力的新的计算模式，即云计算。相对于其他计算模式，云计算的主要特征如下。

经济性：云计算的一个重要优势在于其经济性。与其他计算模式不同的是，云计算的出发点是如何使用成本低的商用机（而不是成本很高的高性能服务器）实现强大的计算能力。

弹性计算：云计算的另一个重要特点是支持弹性计算能力，具有较强的可扩展性和伸缩能力，进而支持其另一个重要特征——按需服务。

按需服务：支持动态配置云计算提供的服务，根据用户需求的变化动态更改客户所购买的云服务的具体参数。

虚拟化：虚拟化是云计算的重要技术之一，云端将硬件、软件和数据等物理资源动态组合成虚拟"资源池"，并以"服务"的形式提供给用户。根据虚拟化的层次，云计算可分为 HaaS、IaaS、SaaS、PaaS 和 DaaS 五类，如表 3-3 所示。

表 3-3 云计算的层次性

类　型	含　义	举　例
HaaS（hardware as a service，硬件即服务）	云端将硬件设备以服务形式提供给终端，终端可按需购买或租用云端的硬件设备，安装自己的软件系统，完成各种数据存储或计算任务	IBM 公司的 IDC 云计算
IaaS（infrastructure as a service，基础设施即服务）	云端将计算资源和存储资源以服务形式提供给终端，终端可按需购买或租用所需的基础设施	Amazon 公司的 EC2
SaaS（software as a service 软件即服务）	云端将软件系统以服务形式提供给终端，终端可按需购买或租用云端的软件系统，完成各种计算任务	Salesforce.org
PaaS（platform as a service，平台即服务）	云端将软件开发平台以服务形式提供给终端，终端可按需购买或租用云端的开发平台，完成软件系统的研发任务	Google 公司的 App Engine
DaaS（database as a service，数据库即服务）	云端将数据库及其管理系统以服务形式提供给终端，终端可按需购买或租用云端的数据库或数据库管理系统服务	Oracle 公司的云服务

可见，云计算是一种抽象的计算模式，而 MapReduce、GFS、BigTable、Hadoop、Spark 等是实现这种模式的具体技术。

3.4.2　主要类型

大数据技术主要有八种类型。

1. 数据存储和管理

（1）分布式文件系统。例如 HDFS（Hadoop distributed file system）允许大量数据分布式存储在多个节点上。

（2）数据库管理系统。包括传统的关系型数据库管理系统（RDBMS）和新型的 NoSQL（not only SQL）数据库。

2. 数据处理和分析

（1）批处理。例如使用 Apache Hadoop 进行大规模数据集的分析。

（2）流处理。例如使用 Apache Spark、Apache Flink、Apache Storm 等进行实时数据流的处理。

（3）内存计算。例如使用 Apache Spark 快速进行大数据的处理和分析。

3. 数据挖掘和机器学习

（1）数据挖掘工具。例如 WEKA、Orange 等工具用于数据预处理、分类、回归、聚类等。

（2）机器学习框架。例如 TensorFlow、PyTorch 提供了广泛的机器学习算法库。

4. 数据可视化

（1）可视化工具。例如 Tableau、PowerBI 用于将分析结果以图表、仪表盘等形式直观展示。

（2）报告工具。例如 Jupyter Notebook 用于展示数据分析过程和结果。

5. 大数据集成和 ETL

（1）集成工具。例如 Apache NiFi 用于数据流的集成。

（2）ETL 工具。例如 Apache Nifi、Talend 用于数据的提取、转换和加载。

6. 大数据查询和优化

（1）SQL on Big Data。例如 Apache Hive 允许使用 SQL 查询大数据。

（2）查询优化。例如 Apache Phoenix 可以对大数据查询进行优化。

7. 大数据安全和隐私保护

（1）安全工具。例如 Apache Ranger 用于大数据的安全管理。

（2）隐私保护。例如使用差分隐私技术保护个人隐私。

8. 大数据云服务

（1）云存储服务。例如 Amazon S3、Google Cloud Storage 提供大数据的云端存储。

（2）云计算服务。例如 Amazon EMR、Google Cloud Dataproc 提供大数据的云端处理和分析。

3.4.3 与数据科学的关系

大数据技术为数据科学提供了一系列先进的工具和方法，使数据科学家能够进行深入的数据分析和研究，更好地解决实际问题，推动了数据科学理论的发展和多领域的实践创新。

1. 高效的数据处理和管理能力

大数据技术提供了强大的数据处理和管理工具，使得数据科学家可以高效地处理、分析和管理庞大且多样化的数据集。这对于理论研究来说极其重要，因为它可以更快速、更准确地验证理论假设。

2. 深入的数据分析和挖掘工具

数据科学家利用大数据分析和挖掘工具获得深层次的数据洞察。这些工具能够揭示数据背后的模式和趋势，为理论研究提供有力的支持，推动数据科学领域的知识边界不断扩展。

3. 实时和高级分析

大数据技术允许数据科学家进行实时分析，发现并响应新的挑战和机遇。同时，大数据还支持高级分析，如预测性分析和推荐系统，这在实践应用中具有极高的价值。

4. 多领域应用推动

大数据技术在多个实际应用领域中促成了创新，例如：健康科学、金融服务、零售、制造业和交通等，这不仅有助于解决实际问题，而且推动了各领域的研发进程。

5. 云服务和分布式计算

大数据云服务和分布式计算平台为数据科学的计算需求提供了庞大的资源，使得复杂的计算任务和大规模的数据分析成为可能。

6. 安全与隐私保护

大数据技术发展了众多安全和隐私保护方法，帮助数据科学家在遵循法规和道德规范的基础上进行研究。

3.4.4 常用大数据技术

3.4.4.1 Hadoop 生态系统

Hadoop 生态系统是由 Apache 基金会管理的一组开源工具和服务，专门为处理和分析大规模数据而设计。该生态系统基于 Hadoop 核心组件，包括 HDFS 和 MapReduce，但也包括了其他多个用于数据存储、数据处理、数据分析、数据管理和操作的组件。

1. 主要特征

（1）可扩展性。Hadoop生态系统可以水平扩展，以便处理PB级的大数据。

（2）容错性。Hadoop 生态系统设计了多个备份，以应对节点故障。

（3）灵活性。Hadoop 生态系统提供了多种数据处理、分析和存储工具，可满足不同类型的需求。

（4）开源和社区支持。Hadoop 生态系统中的大多数工具都是开源的，并有一个活跃的社区进行支持和开发。

2. 主要组成部分

（1）HDFS。Hadoop 的分布式文件系统，用于存储大规模数据。

（2）MapReduce。用于分布式数据处理的编程模型和计算环境。

（3）HBase。分布式、高可靠、高性能的面向列的数据库。

（4）Hive。数据仓库工具，提供了一种类 SQL 的查询语言。

（5）Zookeeper。用于管理分布式系统中的协作服务。

（6）Flume。用于收集、聚合和移动大量日志数据。

（7）YARN（Yet Another Resource Negotiator）。负责资源管理和作业调度。

3. 与数据科学的联系

Hadoop 生态系统为数据科学家提供了一套全面的工具集，使他们能够进行大数据处理和分析，主要功能包括数据存储、数据处理、数据分析、数据管理和日志收集。

（1）数据存储。通过 HDFS 和 HBase 实现大规模和不同类型的数据存储。

（2）数据处理。通过 MapReduce 和 Hive 等工具，实现数据的清洗、转换和加载（extract-transform-load，ETL）。

（3）数据分析。利用 Hive 和相关工具，进行深入的数据查询和分析。

（4）数据管理。利用 Zookeeper 进行分布式环境下的协作服务和集群管理。

（5）日志收集。通过 Flume 进行大量日志数据的收集和处理。

Hadoop 生态系统（见图 3-6）通过这些组件提供了一个全面、灵活且可扩展的大数据平台，以满足现代数据科学家在大数据处理、分析和管理方面的需求。

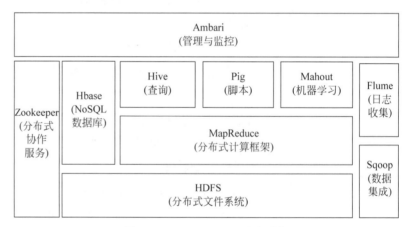

图 3-6 Apache Hadoop 生态系统

Lambda 架构

在大数据处理系统，尤其是早期的大数据技术和产品中，可靠性和实时性是一对矛盾。例如，Hadoop MapReduce 的可靠性强，但实时性差，而 Storm 却相反。为此，Storm 创始人 Nathan Marz，结合自己在 Twitter 和 BackType 从事大数据处理的工作经验，提出了一种大数据系统参考架构——Lambda 架构。

Lambda 架构的主要特点是兼顾了大数据处理系统中的可靠性和实时性，较好地支持大数据计算的一些关键特征，如高容错、低延迟、可扩展等。该架构通过整合离线计算与实时计算技术，将不可变性、读写分离和复杂性隔离等思想引入自己的架构设计之中，为 Hadoop MapReduce、

Storm、Spark 和 Cloudera Impala 等大数据技术的集成应用及新产品开发提供了理论依据。

从组成部分看，Lambda 架构可分解为批处理层（batch layer）、加速层/实时处理（speed/real-time layer）和服务层（serving layer），如图 3-7 所示。

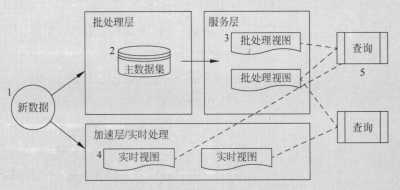

图 3-7　Lambda 架构的主要组成部分

（1）批处理层。批处理层负责数据处理中的可靠性，主要针对的是离线处理需求，通过存储全部数据集和预先计算查询函数，构建用户查询所对应的批处理视图（batch view）。但是，批处理层不善于处理实时查询处理，实时处理任务需要由加速层完成。批处理层可以采用批处理技术，如 Hadoop MapReduce 等实现。

（2）加速层/实时处理。本层负责数据处理中的实时性，主要针对的是实时处理需求。与批处理层不同的是，加速层中处理的并非为全体数据集，而是最近的增量数据流。为了确保数据处理的速度，加速层在接收新数据后会不断更新实时视图（real-time view）。加速层可以采用流处理技术，如 Storm 等实现。

（3）服务层。服务层主要负责将加速层的输出数据合并至批处理层的输出数据，从而得到一份完整的输出数据，并保存至 NoSQL 数据库中，并为在线查询类应用提供服务。服务层可以采用查询处理技术，如 Cloudera Impala 等实现。

从处理流程视角看，Lambda 架构的基本流程如下：进入系统的所有数据都被分派到批处理层和加速层进行处理。其中，批处理层具有管理主数据集（不可变的，仅附加的原始数据集）和预先计算批处理视图两个功能；服务层为批处理视图编制索引，以便以低延迟、实时方式查询它们；加速层弥补了服务层更新的高延迟，并仅处理最新数据。可以通过合并批处理视图和实时视图的结果来回答任何查询请求。

3.4.4.2 Spark 生态系统

Apache Spark 是一个快速、通用、可扩展的大数据处理平台。Spark 生态系统包括一系列用于大数据处理和分析的库和工具。这个生态系统是开源的,支持多种编程语言,如 Java、Scala、Python 和 R。Spark 适合于处理大量数据,并能实现高效的数据运算和机器学习任务。

1. 主要特征

(1)速度快。Spark 利用内存计算,明显减少了读写磁盘的次数,因此比传统的 MapReduce 更快。

(2)易用性。Spark 支持 Java、Scala、Python 和 R,能轻松地创建和运行在 YARN 或 Mesos 上的应用程序。

(3)通用性。Spark 支持批处理、交互式查询(SQL)、流处理和机器学习,是一个综合性的数据处理平台。

(4)可扩展性和容错性。Spark 可以运行在 Hadoop 集群上,与 Hadoop 的生态系统兼容,并且具有良好的容错性和可扩展性。

Spark 体系结构

从组件和模块的角度来看,可以将 Spark 的体系结构大致划分为上、中、下三个主要层次,如图 3-8 所示。

图 3-8 Spark 体系结构

(1)上层。上层主要由 Spark SQL、MLlib、Spark Streaming 和 GraphX 等高级库组成,提供了对结构化数据的查询能力、实时数据流处理、图计算和机器学习算法等功能,使得用户可以更加方便地开发各种复杂的大数据应用。

- Spark SQL:用于处理结构化数据的组件。
- MLlib:机器学习库。
- Spark Streaming:实时数据流处理组件。
- GraphX:图计算框架。

集群：

集群是由多台计算机（节点）组成的系统，这些计算机共同工作以完成特定的任务或工作负载。在一个集群中，所有计算机通常都连接到一个本地网络中，每台计算机都具有自己的本地内存和计算资源。集群的主要目的是提高性能和可用性，同时提供容错和冗余。

集群管理：

集群管理指的是对集群环境中所有资源和服务的组织、配置、调度、监控和维护。集群管理的主要目标是确保集群中的所有节点能够高效、稳定、可靠地运行，并最大限度地提高资源利用率。

（2）中间层（Spark 核心）。中间层提供了 Spark 的基础功能和计算抽象，如弹性分布式数据集（RDD）。它负责任务调度、内存管理、错误恢复以及与存储系统的交互，是构建上层高级库的基础，并确保整个系统的稳定性和高效性。

- 包含了 Spark 的基本功能组件。
- 包括任务调度、内存管理、错误恢复、交互式存储等核心功能。
- 定义了弹性分布式数据集（RDD）。

（3）下层（集群管理器）。下层包括 Standalone、Apache Mesos 和 Hadoop YARN。这一层负责整个集群的资源管理和任务调度，它决定了 Spark 作业如何在集群中分配资源和执行，确保了系统的可伸缩性和资源利用的最优化。

- Standalone：Spark 自带的集群管理器。
- Apache Mesos：一个通用的集群管理器。
- Hadoop YARN：Hadoop 的资源管理器，也可以管理 Spark 作业。

2．主要组成部分

（1）Spark Core。Spark Core 是 Spark 的基础架构，提供任务调度、内存管理和故障恢复等基本功能。

（2）Spark SQL。Spark SQL 提供数据查询和处理的支持，允许用户执行 SQL 查询。

（3）Spark Streaming。Spark Streaming 用于处理实时数据流。

（4）MLlib。MLlib 是 Spark 的机器学习库，包含常用的机器学习算法。

（5）GraphX。GraphX 是 Spark 的图计算库，用于处理图数据和执行图算法。

3．与数据科学的关系

Spark 为数据科学家提供了丰富的功能和工具集。

（1）大数据处理。能够处理 PB 级别的大数据，支持分布式计算。

（2）机器学习。通过 MLlib 提供了丰富的机器学习算法库，方便数据科学家开展机器学习任务。

（3）实时分析。通过 Spark Streaming 实现实时数据处理和分析。

（4）数据挖掘和分析。可以通过 Spark SQL 进行数据查询、挖掘和分析。

（5）图分析。通过 GraphX 进行图结构数据的分析。

（6）灵活的 API。提供多种语言的 API（如 Java、Scala、Python 和 R），适应不同数据科学家的需要。

综上所述，Spark 生态系统为处理大数据和执行复杂数据分析任务提供了一个强大、灵活且易用的平台。

3.4.4.3 NoSQL 系统

NoSQL 是一类非关系型的数据库管理系统，旨在超越传统的关系数据库管理系统（RDBMS）的局限性，主要应对大规模数据集和实时的读写访问。NoSQL 数据库通常不保证完全遵循 ACID（原子性、一致性、隔离性、持久性）原则，相对于关系数据库，NoSQL 更为灵活，可以处理多种不同类型和结构的数据。

数据管理技术可以分为传统数据管理技术和新兴数据管理技术，如图 3-9 所示。其中，传统数据管理技术主要包括数据库系统和文件系统，而新兴数据管理技术包括 NoSQL 技术和关系云。

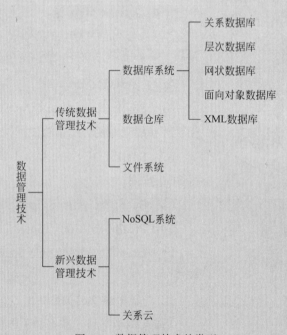

图 3-9　数据管理技术的类型

（1）传统数据管理技术。传统数据管理技术指在大数据时代到来之前，已经被广泛使用的数据管理技术，主要包括文件系统、数据库系统以及数据仓库技术。根据数据组织形式及管理对象的不同，数据库系统可以进一步分为关系数据库、层次数据库、网状数据库、面向对象数据库和 XML 数据库等不同类型。其中，关系数据库是目前应用最为广泛的数据管理技术之一。

（2）新兴数据管理技术。新兴数据管理技术是针对大数据时代数据管理新需求研发的、区别于传统数据管理技术，尤其是区别于传统关系数据库系统的新兴技术，包括 NoSQL 技术和关系云。前者是关系数据库系统的重要补充，而后者是关系数据库系统向云端的迁移。

1. 主要特征

（1）灵活的数据模型。NoSQL 数据库通常不需要固定的模式，能更好地适应结构化。

（2）半结构化和非结构化数据。

（3）可扩展性。适合分布式系统架构，能够很好地处理大量数据和高并发访问。

（4）高性能。对于特定类型的查询和操作，NoSQL 数据库通常比传统的关系数据库更快。

（5）易于开发。提供了简单的 API，使得开发者容易进行开发和维护。

NoSQL 数据库与传统数据库的关系

虽然 NoSQL 数据库在某些方面为数据存储提供了更多的灵活性和扩展性，但关系数据库在很多场合中仍然是最佳选择，并且仍然广泛应用于许多系统和应用中。提出 NoSQL 技术的目的并不是替代关系数据库技术，而是对其提供一种补充方案。因此，二者之间不存在对立或替代关系，而是相互补充，如图 3-10 所示。如果需要处理关系数据库擅长的问题，那么仍然首选关系数据库技术；如果需要处理系数据库不擅长的问题，那么不再仅仅依赖于关系数据库技术，可以考虑更加适合的数据存储技术，如 NoSQL、NewSQL 技术等。

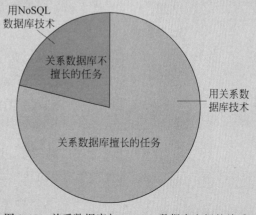

图 3-10　关系数据库与 NoSQL 数据库之间的关系

2. 主要类型

NoSQL 数据库主要有以下几种类型，如表 3-4 所示。

表 3-4 NoSQL 中常用的数据模型

数据模型	基本思路	应用领域	优点	缺点	实例
key-value	key 与 value 之间采用某种方法（如哈希表）建立 key-value 映射	对部分数据的访问负载处理	查找速度快	数据无结构	
key-document	与 key-value 类似，其中 value 指向结构化数据	Web 应用	不需要预先定义结构	查询性能不够，缺乏统一查询语法	CouchDB、MongoDB
key-column	以列为单位进行存储，将同一列数据存放在一起	分布式文件系统	可扩展性高，容易进行分布式扩展	功能相对有限	Bigtable、HBase、Cassandra
图存储		社交网络、推荐系统和关系图谱			Noe4j

（1）key-value 存储。最简单的 NoSQL 数据库类型，每个键对应一个值。例如：Redis。

（2）key-document 存储。数据被存储为文档，通常使用 JSON 格式。例如：MongoDB、CouchDB。

（3）key-column 存储。以列族为中心，将相关的列存储在一起。例如：Cassandra、HBase。

（4）图存储。用于存储网络及其相互连接的信息，如社交网络。例如：Neo4j。

3. 与数据科学的联系

（1）多样性和复杂性。NoSQL 数据库支持多种数据模型，包括键值对、文档、列族和图，能处理不同类型和结构的数据，适应数据科学中多样化的数据需求。

（2）大规模数据处理。由于其高度可扩展的特性，NoSQL 数据库能够处理大规模数据集，是大数据科学领域的重要工具。

（3）实时处理。NoSQL 数据库常用于需要实时读写访问的场景，例如实时分析和监控。

（4）快速开发。提供的 API 通常很灵活简单，能够快速适应变化的需求，加速数据科学项目的开发。

NoSQL 数据库在数据科学中的运用极为广泛，特别是在需要快速、实时地处理大量非结构化或半结构化数据的场合，它能够提供传统的关系数据库无法比拟的性能和灵活性。

CAP 理论与 BASE 原则

NoSQL 数据库中对数据管理目的,尤其是数据一致性保障问题的认识发生了变化,而这些变化以 CAP 理论与 BASE 原则为依据。

(1) CAP 理论的基本思想:一个分布式系统不能同时满足一致性(consistency,用 C 表示)、可用性(availability,用 A 表示)和分区容错性(partition tolerance,用 P 表示)等需求,而最多只能同时满足其中的两个特征,如图 4-26 所示。CAP 理论告诉我们,数据管理不一定是理想的——一致性、可用性和分区容错性中的任何两个特征的保证(争取)可能导致另一个特征的损失(放弃),如图 6-12 所示。

- 一致性主要指强一致性。
- 可用性指每个操作总是在"给定时间"之内得到返回"所需要的结果"。如果"给定时间"之内无法得到结果或所反馈的结果并非为"用户所需要的结果",那么系统的可用性无法保障。
- 分区容错性主要指对某个网络分区的容错能力和网络分区内节点的动态加入和退出能力。

CAP 理论的应用策略可以分为 AP(放弃 C)、CP(放弃 A)和 AC(放弃 P)三种,如图 3-11 所示。

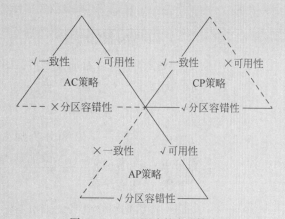

图 3-11 CAP 理论的应用策略

CAP 理论的应用

大部分 NoSQL 数据库系统都会根据自己的设计目的进行相应的选择。

- Cassandra、Dynamo 选择 AP(放弃 C);
- BigTable、MongoDB 满足 CP(放弃 A);
- 关系数据库,如 MySQL 和 Postgres 满足 AC(放弃 P)。

> （2）BASE 原则是 basically available（基本可用）、soft state（柔性状态）和 eventually consistent（最终一致）的缩写。
> - basically available 指可以容忍系统的短期不可用，并不追求全天候服务。
> - soft state 指不要求一直保持强一致状态。
> - eventually consistent 指最终数据一致，而不是严格的实时一致，系统在某一个时刻后达到一致性要求即可。
>
> 可见，BASE 原则可理解为 CAP 原则的特例。目前，多数 NoSQL 数据库是针对特定应用场景研发出来的，其设计遵循 BASE 原则，更加强调读写效率、数据容量以及系统可扩展性。

3.5 数据科学的编程语言

3.5.1 定义与特征

数据科学的编程语言是用于进行数据分析、数据挖掘、统计分析、机器学习等数据科学相关任务的编程语言，例如 Python、R、SQL、Julia、Java、Scala 等。数据科学编程语言的主要特点或特征会包含一系列因素，这些因素使得这些语言更加适用于数据处理、分析、模型构建和实现等任务。以下是一些主要特点。

1. 丰富的库和框架

数据科学语言通常会有丰富的库和框架，用于支持数据导入、清洗、转换、可视化、统计分析、机器学习模型构建等。

2. 易于学习和使用

对于数据科学家和分析师来说，语言需要容易学习和使用。例如，Python 因其语法简单、清晰而被广泛接受。

3. 高性能计算

一些数据科学任务，如机器学习模型训练和大数据处理，需要高性能计算。例如，C++ 和 Java 等语言因其运行速度快而在这些场景中有优势。

4. 数据处理能力

数据科学语言应该具备强大的数据处理能力，能够轻松处理各种类型、大小和格式的数据。

5. 可扩展性和灵活性

语言需要有良好的可扩展性，以便集成各种外部库和工具，同时也需要具备足够的灵活性，以适应不断变化的需求。

6. 良好的社区支持

强大的社区支持能够帮助用户更快地解决问题，学习最佳实践，并获取新的知识和技能。这也意味着有大量的教程、文档和在线资源可供学习和参考。

7. 跨平台性

数据科学编程语言通常需要具有良好的跨平台性，以确保代码能够在不同的操作系统和硬件环境中运行。

8. 对机器学习、统计学和可视化的支持

数据科学编程语言需要具备广泛的机器学习和统计学库，以支持各种算法的实现和模型的构建。同时，这些语言也需要提供丰富的可视化工具和库，使得用户能够更直观地理解数据特性和分析结果，从而做出更加准确的决策。这种支持能力使得数据科学家能够更加便利和高效地开展研究和实践活动。

3.5.2 主要类型

以下是几种在数据科学中广泛使用的编程语言。

1. 通用编程语言

这些语言可以应用于各种场景，包括数据科学。例如，Python 和 Java 都属于这一类。它们通常有丰富的库和框架支持，可用于数据处理、分析、模型训练等。

> 在数据科学领域，Python 和 R 是最为主流的编程语言，但选择哪种语言取决于具体的项目需求、团队经验和个人偏好。

2. 统计与分析语言

这些语言特别为统计分析和数据探索设计，如 R 语言。它们通常具有丰富的统计库和数据可视化工具。

3. 查询语言

这种语言主要用于从数据库中检索、插入、更新或删除数据，如 SQL。它们专为数据管理和操纵设计，通常与数据库系统一起使用。

4. 脚本与自动化语言

这些语言如 Bash 或 PowerShell，用于数据集成、数据获取或自动化流程。这些语言主要用于操作系统层面的任务自动化。

5. 数值计算和系统建模语言

这类语言主要用于数值计算、算法开发和模型创建，如 MATLAB 和 Julia。它们通常提供高性能的数值计算能力和丰富的建模工具。

3.5.3 与数据科学的关系

数据科学编程语言为数据科学提供了丰富和多样的工具和功能。

1. 交互式编程环境

数据科学编程语言提供了交互式编程环境,如 Jupyter Notebooks,这些环境允许数据科学家以交互方式编写和执行代码,实时观察结果,这对于数据探索和分析是非常有用的。

2. 调用机器学习、统计学和可视化的功能

数据科学编程语言提供了丰富的库和框架,使数据科学家能够调用先进的机器学习算法、统计模型和可视化工具。这些功能帮助数据科学家建立模型,进行复杂的统计分析,并将结果以图形和图表的形式直观地展现出来。

3. 调用数据管理、处理、存储等大数据技术

编程语言能够集成大数据技术和工具,如 Apache Hadoop 和 Spark,使数据科学家能够管理、处理和存储大规模的数据集。这使得对大数据进行高效的分析和信息提取成为可能。

4. 数据的准备、清洗和理解

数据科学编程语言提供了一系列工具和方法,帮助数据科学家进行数据的准备、清洗和理解。这包括处理缺失数据、转换数据类型和格式,以及进行数据探索,以便更好地理解数据的结构和特征。

5. 数据分析过程的自动化与优化

通过编程语言,数据科学家能够自动化数据分析的各个步骤,从数据采集到模型训练和验证。此外,编程语言还提供了优化工具和方法,使数据科学家能够改进算法的性能和效率。

6. 开源生态系统

大多数数据科学编程语言都属于开源项目,有着庞大的社区支持和丰富的开源资源,这使得数据科学家能够轻松找到和分享代码、库和工具,并且能够快速解决遇到的问题。

3.5.4 常用数据科学编程语言

> 我们都学过 Java、C 等编程语言,为什么在数据科学中还要学习 Python 或 R?
>
> 在数据科学领域,尽管 Java、C 等传统编程语言被广泛应用于软件开发,但 Python 和 R 却逐渐成为数据科学家的首选。以下是选择 Python 或 R 进行数据科学任务的主要理由。
>
> 1. 设计目的与高效编程
>
> Java、C 等编程语言主要为广泛的软件开发而设计,而不特别针对

数据科学任务。例如,在数据科学中,数据读写和排序是常见的任务。若使用 Java 进行此类操作,可能需要复杂的代码结构。而在 Python 或 R 中,由于支持向量化计算和泛型函数式编程,这些操作变得相对简洁。数据科学家如果选择 Java、C 等编程语言,他们可能会在流程控制、数据结构定义和算法设计上花费更多的时间,从而分散了处理数据的主要精力。

2. 丰富的第三方库和模块

虽然设计目的很重要,但更关键的是 Python 和 R 提供了大量专为数据科学设计的第三方库和模块。例如,CRAN 平台上就有超过 10 381 个 R 扩展包。这些扩展包极大地增强了 Python 和 R 在数据处理、分析和可视化方面的能力。例如,尽管使用 Java 或 C 进行数据可视化可能会相对复杂,但 Python 的 Seaborn 库和 R 的 ggplot2 包使得数据可视化变得简单易行。因此,选择 Python 或 R 不仅仅是因为这些语言本身的优势,更多的是因为它们背后强大的扩展库和模块。

3. 扩展库和模块背后的顶尖专家

选择 Python 或 R 的根本原因是这些语言及其扩展库背后的专家团队。这些开发者大多是统计学、机器学习和其他数据科学领域的顶级人才。例如,Python 的 pandas 库的开发者 Wes McKinney 和 R 的 ggplot2 包的开发者 Hadley Wickham 都是数据科学领域的重要人物。因此,选择 Python 或 R 意味着能够受益于这些专家的智慧和经验,从而更加高效地解决数据科学问题。

总之,对于数据科学家来说,选择最适合的工具是成功完成任务的关键。而 Python 和 R,凭借其高度优化的设计和强大的生态系统,成为数据科学领域的首选。

目前,Python 语言和 R 语言是数据科学中的主流语言工具。表 3-5 列出了 R 语言和 Python 语言的主要区别与联系。

表 3-5　R 语言与 Python 语言对照表

比 较 项	Python 语言	R 语 言
设计者	计算机科学家吉多·范·罗瑟（Guido Van Rossum）	统计学家罗斯·艾卡（Ross Ihaka）和罗伯特·简特曼（Robert Gentleman）
设计目的	提升软件开发的效率与源代码的可读性	方便统计处理、数据分析及图形化显示
设计哲学	（源代码层次上）优雅、明确、简单	（功能层次上）简单、有效、完善

续表

比较项	Python 语言	R 语言
发行年	1991	1995
前身	ABC 语言、C 语言和 Modula-3 语言	S 语言
主要维护者	Python Software Foundation（Python 软件基金会）	the R-Core Team（R-核心团队） the R Foundation（R 基金会）
主要用户群	软件工程师/程序员	学术/科学研究/统计学家
可用性	源代码的语法更规范，便于编码与调试	可以用简单几行代码即可实现复杂的数据统计、机器学习和数据可视化功能
学习成本曲线	入门相对容易，入门后学习难度随着学习内容逐步提升	入门难，入门后相对容易
第三方提供的功能	以"包"的形式存在 可从 PyPi 下载	以"库"的形式存在 可从 CRAN 下载
常用包/库	数据处理：pandas 科学计算：sciPy、numpy 可视化：matplotlib 统计建模：statsmodels 机器学习：sckikit-learn、TensorFlow、Theano	数据科学工具集：tidyverse 数据处理：dplyr、plyr、data.table、stringr 可视化：ggplot2、ggvis、lattice 机器学习：RWeka、caret
常用 IDE（集成开发环境）	Jupyter Notebook（iPython Notebook）/PyCharm/Spyder/Rodeo/Eclipse	RStudio、RGui
R 与 Python 之间的相互调用	在 Python 中，可以通过库 RPy2 调用 R 代码	在 R 中，可以通过包 rPython 调用 Python 代码

1. 设计目的和哲学

Python 的设计目的是提高软件开发的效率和源代码的可读性。它以代码的简洁和优雅而闻名，适用于广泛的应用领域，不仅限于数据科学。Python 的设计哲学是优雅、明确和简单。

R 语言的设计目的是方便统计处理、数据分析和图形化显示。它专注于数据科学领域的需求，为数据科学家提供了强大的统计分析和可视化工具。R 的设计哲学是简单、有效和完善。

2. 发展历史

Python 于 1991 年发布，受到了 ABC 语言、C 语言和 Modula-3 语言的影响。它逐渐发展成为一门通用的编程语言。

R 语言于 1995 年发布，是 S 语言的一种继承。它在统计学和数据分析领域得到了广泛的应用。

3. 主要用户群

Python 主要由软件工程师和程序员使用，广泛用于通用软件开发，包括

Web 开发、游戏开发等。

R 主要由学术界、科研人员和统计学家使用。它是数据科学领域的首选语言之一，用于数据分析、统计建模和研究。

4. 学习成本曲线

Python 的入门相对容易，语法简单易懂。然而，随着学习的深入，复杂性逐渐增加，因为 Python 可以用于广泛的领域。

R 的入门相对较难，但一旦掌握了基础知识，后续学习相对容易，因为它专注于数据分析。

5. 第三方提供的功能

Python 通过包（libraries）的形式提供各种功能，可以从 PyPi 等仓库下载。例如，pandas 用于数据处理，scikit-learn 用于机器学习，matplotlib 用于可视化等。

R 通过库（packages）的形式提供功能，可以从 CRAN 仓库下载。例如，ggplot2 用于可视化，dplyr 用于数据处理，caret 用于机器学习等。

6. 常用包/库

常用的 Python 包包括 pandas（数据处理）、scipy 和 numpy（科学计算）、matplotlib（可视化）、statsmodels（统计建模）、scikit-learn（机器学习）、TensorFlow 和 Theano（深度学习）等。

常用的 R 库包括 tidyverse（数据科学工具集）、dplyr 和 data.table（数据处理）、ggplot2 和 ggvis（可视化）、RWeka 和 caret（机器学习）等。

7. 常用 IDE

Python 的常用 IDE 包括 Jupyter Notebook、PyCharm、Spyder、Rodeo 和 Eclipse 等。R 的常用 IDE 是 RStudio 和 RGui。

8. R 与 Python 之间的相互调用

在 Python 中，可以通过库 RPy2 调用 R 代码，实现 Python 与 R 的交互。在 R 中，可以通过包 rPython 调用 Python 代码，实现 R 与 Python 的交互。

总之，选择 Python 还是 R 取决于数据科学家的具体需求和偏好。Python 适用于通用软件开发和数据科学，而 R 专注于统计分析和数据可视化。在实践中，有些数据科学家会同时学习和使用这两种语言，以便在不同的情况下选择最合适的工具。

结　语

在本章中，我们深入研究了数据科学的方法与技术，涵盖了人工智能、机器学习、深度学习、大数据技术以及数据科学编程语言等关键领域。作为一门跨学科领域知识,数据科学具有广泛的应用,已经成为当今世界的重要工具之一。通过学习本章的内容,我们不仅理解了这些领域的基本原理和概念,还获得了实际解决问题的技能和工具。

数据科学的发展日新月异,不断涌现出新的算法、技术和工具。因此,要在数据科学领域取得持续的成功,学习者需要保持持续学习的精神,并随着领域的发展不断更新自己的知识和技能。

继续学习的几点建议

(1)深入研究领域:数据科学是一个广泛而深刻的领域,建议选择一个或多个子领域进行深入研究。可以选择机器学习、深度学习、自然语言处理、计算机视觉、大数据分析等方向,并不断追踪最新的研究进展。

(2)持续学习编程:数据科学离不开编程,建议学习者继续提高编程技能,尤其是 Python 或 R 等数据科学编程语言,以及相关的包/库。

(3)跨学科合作:数据科学常涉及多个学科,与领域专家、统计学家、工程师等合作,能够获得更全面的视角和解决方案。

(4)遵循伦理原则:在数据科学研究和应用中,始终遵循伦理原则,尤其是在处理敏感数据和开展人工智能研究时,确保隐私和安全。

(5)不断更新知识:数据科学领域的发展速度极快,建议学习者订阅学术期刊、参加学术会议、在线课程和培训,以保持对最新进展的了解。

(6)实践与理论相结合:理论知识与实际经验相结合,能够更好地应对真实世界中的复杂问题。因此,坚持理论学习与实际应用的平衡。

习题

一、选择题

1.人工智能的主要目标是什么?

A.模拟人类思维和感知 B.创建复杂的机器人
C.解密人类大脑的密码 D.提高计算机的处理速度

答案:A。

解析:人工智能的主要目标是模拟人类思维和感知,使计算机系统能够像人类一样学习、推理、解决问题和感知环境。

2. 下面哪种是强人工智能的特点?

    A. 专注于特定任务   B. 具有人类水平智能

    C. 缺乏一般性智能   D. 仅能在预定义的边界内操作

答案：B。

解析：强人工智能是指具有人类水平智能或者在广泛的任务范围内甚至超越人类智能的 AI 系统。

3. 图灵测试的主要目标是什么?

    A. 评估计算机处理速度   B. 测试计算机硬件性能

    C. 评估计算机是否具有真正的智能   D. 测试计算机网络连接

答案：C。

解析：图灵测试的主要目标是评估计算机或机器是否具有真正的智能，是否能够表现出与人类行为相似的智能。

4. 弱人工智能的主要特点是什么?

    A. 具有一般性智能   B. 能够执行各种任务

    C. 被设计用来执行特定任务   D. 具有人类水平智能

答案：C。

解析：弱人工智能是被设计用来执行特定任务的 AI 系统，而不具备一般性智能。

5. 下列哪个不是人工智能的主要研究内容之一?

    A. 人机交互   B. 机器学习   C. 空间科学   D. 自然语言处理

答案：C。

解析：人工智能的主要研究内容包括人机交互、机器学习、自然语言处理等，而空间科学通常不属于人工智能领域的核心内容。

6. 机器学习的主要特征之一是什么?

    A. 高度交互性   B. 自动化和自主性

    C. 实时数据处理和决策支持   D. 高维数据处理

答案：B。

解析：机器学习的自动化和自主性意味着它可以在没有人工干预的情况下自动完成各种任务，包括在一定程度上做出决策和执行任务。

7. 以下哪个算法不属于无监督学习?

    A. k-means 聚类   B. 逻辑回归   C. 主成分分析   D. 关联规则分析

答案：B。

解析：逻辑回归是有监督学习算法，而 k-means 聚类、主成分分析和关联规则分析是无监督学习算法。

8. 集成学习是用来解决什么问题的？
    A. 数据可视化　　　　B. 数据清洗　　　　C. 过拟合　　　　D. 特征工程

答案：C。

解析：集成学习的主要目标是减轻单一模型可能出现的过拟合问题，通过结合多个模型来提高泛化能力。

9. 以下哪个机器学习任务涉及奖励和惩罚？
    A. 聚类　　　　B. 有监督学习　　　　C. 无监督学习　　　　D. 增强学习

答案：D。

解析：增强学习任务涉及与环境互动并根据采取的行动接收奖励或惩罚，以指导 Agent 学习最优行动选择。

10. 机器学习中的泛化能力是指什么？
    A. 模型在训练数据上的性能
    B. 模型在未知数据上的性能
    C. 模型的复杂度
    D. 模型的参数数量

答案：B。

解析：泛化能力是指模型在未知数据上的性能，而不是在训练数据上的性能。

11. 深度学习模型的主要特征之一是什么？
    A. 高度交互性
    B. 自动特征工程
    C. 数据清洗和预处理
    D. 单层神经网络

答案：B。

解析：深度学习模型具有自动进行特征提取和工程的能力，降低了对手动特征设计的依赖。

12. 哪种深度学习类型适合处理图像分类和目标检测等任务？
    A. 基于空间结构的模型
    B. 基于时间/序列结构的模型
    C. 基于生成能力的模型
    D. 基于注意力机制的模型

答案：A。

解析：基于空间结构的模型，如卷积神经网络（CNN），适合处理图像分类和目标检测等与图像空间结构相关的任务。

13. 下列哪个不是深度学习模型的主要类型?

  A. CNN   B. SVM   C. LSTM   D. Transformer

答案：B。

解析：支持向量机（SVM）不是深度学习模型的主要类型，它是一种传统的机器学习算法。

14. BERT 是基于哪种深度学习模型的预训练语言模型?

  A. CNN   B. RNN   C. LSTM   D. Transformer

答案：D。

解析：BERT 是基于 Transformer 深度学习模型的预训练语言模型。

15. 在数据科学编程中，Python 和 R 之间的主要区别是什么?

  A. Python 适用于通用软件开发，而 R 专注于统计分析和数据可视化。

  B. Python 具有更丰富的统计分析库，而 R 在机器学习方面更强大。

  C. Python 的学习曲线比 R 更陡峭，但一旦掌握，更灵活。

  D. R 是 Python 的一个变种，主要用于大数据处理。

答案：A。

解析：Python 适用于通用软件开发，可用于广泛的应用领域，而 R 专注于数据科学领域，方便统计分析和数据可视化。

16. 以下哪个不是 Python 用于数据科学的常用库或框架?

  A. pandas   B. numpy   C. ggplot2   D. scikit-learn

答案：C。

解析：ggplot2 是 R 语言中用于数据可视化的库，不是 Python 的库或框架。

17. R 和 Python 的主要用户群分别是什么?

  A. R 主要由软件工程师和程序员使用，Python 主要由学术界和统计学家使用。

  B. R 主要由学术界和统计学家使用，Python 主要由软件工程师和程序员使用。

  C. R 和 Python 的用户群没有明显区别。

  D. R 和 Python 都主要由数据工程师使用。

答案：B。

解析：R 主要由学术界和统计学家使用，而 Python 主要由软件工程师和程序员使用。

18. 哪个 IDE 是 Python 数据科学常用的集成开发环境（IDE）?

  A. RStudio   B. Jupyter Notebook

  C. Spyder   D. Eclipse

答案：B。

解析：Jupyter Notebook 是 Python 数据科学领域常用的集成开发环境（IDE）之一，用于交互式编程和数据可视化。

二、简答题

1. 简要解释图灵测试是什么以及其主要目标是什么？

回答要点：

图灵测试是由艾伦·图灵提出的测试方法，用于评估计算机或机器是否具有真正的智能。主要目标是使一台机器的行为在某种程度上无法与人类行为区分，以此来确定计算机是否能够表现出与人类相似的智能。

2. 强人工智能和弱人工智能有什么区别？请简要描述它们的特点。

回答要点：

强人工智能具有人类水平智能或在广泛的任务范围内超越人类智能的 AI 系统。弱人工智能是被设计用来执行特定任务的 AI 系统，缺乏一般性智能。区别在于强人工智能具有通用的智能，而弱人工智能仅在特定任务领域内表现出智能。

3. 请简要说明人工智能与数据科学之间的关系以及人工智能对数据科学的贡献。

回答要点：

人工智能与数据科学紧密相关，人工智能为数据科学提供了理论和实践层面的技术和方法。人工智能提高了数据科学的分析能力，能够从大规模数据中提取有价值的信息和洞察力。人工智能支持多模态数据处理、自动化、实时数据处理和创新性应用开发等数据科学领域的应用。人工智能还推动了数据科学的理论深化和模型发展，帮助解决更复杂的数据挑战。

4. 什么是有监督学习？简述它在机器学习中的应用。

回答要点：

有监督学习是一种机器学习方法，其中算法从带有标签的训练数据中学习模式和规律，以预测或分类未知数据。

有监督学习广泛应用于分类和回归问题。例如，垃圾邮件过滤器可以使用有监督学习来分类电子邮件，线性回归可以用于预测房价。

5. 请解释无监督学习，并提供一个无监督学习的实际应用示例。

回答要点：

无监督学习是一种机器学习方法，其中算法使用未带标签的数据来发现数据中的模式和结构。

聚类是无监督学习的一个示例，它可以用于将消费者根据其购买习惯分组，帮助市场营销人员更好地定位不同的客户群体。

6. 什么是集成学习，并说明它的优势是什么？

回答要点：

集成学习是一种机器学习方法，它将多个基础模型的预测结合起来，以获得更准确的整体预测。

集成学习可以提高模型的泛化能力，减少过拟合风险，因为它结合了多个模型的意见。常见的集成学习算法包括随机森林和梯度提升树。

7. 什么是深度学习？

回答要点：

深度学习是机器学习的一个分支，它使用多层神经网络模型来模拟人脑的工作原理，以便计算机可以从大量数据中学习和提取高级特征。关键要点包括：深度学习模型通常包含多个隐藏层，这使得它们能够学习数据的层次化表示。深度学习在图像识别、自然语言处理、语音识别等领域表现出色。深度学习的训练通常需要大量标记数据和强大的计算资源。

8. 什么是神经网络？

回答要点：

神经网络是深度学习的核心组成部分，它模拟了生物神经元的工作原理，由多个层次的神经元组成。神经网络的基本单元是神经元，它们通过连接进行信息传递。神经网络包括输入层、隐藏层和输出层，信息从输入层流向输出层，中间经过多个隐藏层进行处理。深度神经网络包含多个隐藏层，可以学习复杂的特征表示。

9. 深度学习在数据科学中的作用是什么？

回答要点：

深度学习在数据科学中发挥了重要作用，体现在五方面。

（1）数据表征。深度学习能够处理高维度和非结构化数据，提供高效的数据表征方法。

（2）非结构化数据解析。在图像、文本、语音等领域，深度学习显示出高准确性和灵活性。

（3）解决复杂问题。深度学习模型可以解决传统算法无法应对的复杂问题。

（4）跨领域应用。深度学习在医疗、自动驾驶、自然语言处理等多个领域都取得了突破性进展。

（5）创新与突破。深度学习推动了数据科学领域的创新和技术突破，提高了问题解决的效率和精度。

10. 数据科学编程语言中，为什么Python被广泛应用于数据科学任务？

回答要点：

简洁的语法、丰富的库和框架、强大的社区支持、跨平台性、开源生态系统。

11. 在数据科学中，R 语言的主要优势是什么？

回答要点：

强大的统计分析能力、丰富的数据可视化、社区支持、学术界和教育领域的影响力。

12. R 与 Python 在数据科学中有哪些区别？

回答要点：

建议从设计目的和哲学、发展历史、主要用户群、学习成本曲线、第三方提供的功能、常用包/库、常用 IDE、R 与 Python 之间的相互调用等角度对比分析。

第 4 章 数据科学的社会及人文

> 天时不如地利,地利不如人和。
>
> ——孟子

1. 学习目的

本章旨在使学习者了解数据科学中的社会与人文问题,掌握数据伦理的基本概念,了解数据隐私保护、潜伏变量、辛普森悖论、伯克森悖论等相关概念,以及数据科学中的信任和解释。

2. 内容提要

本章将探讨数据科学中的伦理和道德问题,特别关注数据伦理的重要性,深入研究数据隐私保护、潜伏变量、幸存者偏差、辛普森悖论、伯克森悖论等相关概念。我们还将重点介绍 A/B 测试的原理、设计和应用。

3. 学习重点

了解数据伦理对数据科学的重要性以及伦理决策在数据分析中的应用。

掌握数据隐私保护的原则和方法,特别是数据匿名化和数据伪名化的区别。

理解潜伏变量、辛普森悖论、伯克森悖论和幸存者偏差的概念以及它们在数据分析中的影响。

学会设计和实施 A/B 测试,以评估不同策略或变化对业务绩效的影响。

4. 学习难点

理解伦理决策如何在不同数据科学背景下应用,并处理可能出现的伦理冲突。

掌握数据伪名化和数据匿名化的具体应用案例,确保数据隐私。

理解潜伏变量、辛普森悖论、伯克森悖论和幸存者偏差的原理及其在实际数据分析中的辨识和处理方法。

掌握 A/B 测试的设计原则,包括样本选择、实验时间和结果评估。

4.1 偏见及悖论

在数据科学中，偏见（bias）指数据或模型中的系统性错误，导致了对某个特定方面的错误看法或决策。偏见可能是由于数据采集过程中的偏差、样本选择不当、特定群体的欠代表性、模型的限制或错误等原因引起的。解决偏见问题是为了确保数据科学的结果和模型是准确、公正、可靠的，避免偏向某一方向，特别是在敏感领域如社会政策、医疗决策等方面，偏见可能导致不公平和不平等的结果。

悖论（paradox）是指在数据科学中出现的看似矛盾或令人困惑的情况，与直觉相悖，需要深入分析来理解。悖论在数据分析中常常出现，因为数据可以反映复杂的现实世界，而现实世界往往不是简单的线性关系。重视悖论是为了避免简单地接受表面上的解释，鼓励深入分析和思考，以更好地理解数据现象。

4.1.1 幸存者偏差

1. 主要含义

幸存者偏差是一种常见的认知偏差，它涉及人们倾向于关注经过某种筛选过程而存活下来的个体或情况，而忽略被筛选出的那些个体或情况，这些被忽略的部分通常含有关键信息。在数据科学中，幸存者偏差指的是只考虑已经存在或留存下来的数据，而忽略了已经丢失或未被记录的数据，从而导致对问题的分析和决策产生偏见。

2. 典型案例

在第二次世界大战期间，英国军方研究飞机的弹孔分布，以确定应该加强哪些部位的装甲。初始的观察显示，机身和机翼上的弹孔比较多，如图4-1所示。一些人建议加强这些部位的装甲。然而，统计学家沃德提出了一个不同的观点。他指出，这些飞机是返回的，所以它们的机身和机翼上的

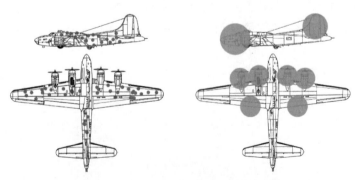

图4-1 从欧洲大陆的空战中返回的轰炸机

（左图的点代表的是机身上的弹孔，右图的圆圈代表的是"无弹孔区域"）

弹孔并没有导致飞机坠毁，而座舱和机尾的弹孔可能导致了飞机坠毁，因为这些飞机没有返回。因此，沃德建议加强座舱和机尾的装甲，这导致了飞机的生存率显著提高。

3. 原因及应对方法

在数据科学中，幸存者偏差可能出现因为数据选择或采集不全面，只考虑已存在的数据，而忽略了已丢失或未记录的数据。为了应对这一问题，数据科学家需要采取以下方法。

（1）全面数据采集。努力采集全面的数据，而不仅仅是已存在或容易获取的数据。这可以通过改进数据采集方法、开展更广泛的调查或利用数据挖掘技术来实现。

（2）模拟或填补缺失数据。在分析中，可以考虑使用模拟或填补方法来估计丢失的数据，以更全面地反映问题的本质。这需要使用合适的统计技术和算法。

（3）深入理解数据生成过程。了解数据是如何生成的，包括可能的筛选、过滤或记录方式，有助于更好地识别幸存者偏差并进行纠正。

（4）多角度分析。采用多种分析方法和模型，不仅仅依赖一种，以减少对数据的依赖性，提高结果的可靠性。

通过以上方法，数据科学家可以更好地应对幸存者偏差问题，确保数据分析和决策的准确性和可信度。这对于在实际应用中做出科学、有效的决策至关重要。

4.1.2 辛普森悖论

1. 主要含义

辛普森悖论（Simpson's paradox）是概率和统计学中的一种现象，它表现为在几组不同的数据中存在一个趋势，但当这些数据组合在一起时，这个趋势会消失或者反转。辛普森悖论通常涉及多个变量之间的复杂关系，导致在不同层次或子群体中观察到的趋势与总体趋势相矛盾。

2. 典型案例

一个典型的案例是关于肾结石治疗成功率的比较。假如分别观察两种不同的治疗方案 A 和 B 在小结石、中等结石和大结石患者身上的成功率，可能会得出如表 4-1 和表 4-2 的观察。

表 4-1 肾结石治疗数据分析——两种治疗方案的分别统计

结 石 大 小	治疗方案 A	治疗方案 B
小结石	93%（81/87）	87%（234/270）
大结石	73%（192/263）	69%（55/80）

表 4-2 两种治疗方案的汇总统计

指　标	治疗方案 A	治疗方案 B
总计	78%（273/350）	83%（289/350）

方案 A 在每个子群体中都有更高的成功率。

方案 B 在每个子群体中都有更低的成功率。

但是，当将所有患者数据合并在一起时，可能会出现如下情况：总体上，方案 B 的成功率更高。这种情况下，辛普森悖论就出现了，因为在合并数据时，某种方式导致了观察结果的反转。

3. 出现的原因及应对方法

在数据科学中，辛普森悖论的出现通常是由于数据集中存在潜伏变量的混淆因素或变量交互作用引起的。这些混淆因素可能导致观察到的总体趋势与在子群体中观察到的趋势不一致。为了应对辛普森悖论，可以采取以下方法。

（1）深入分析。仔细研究数据，了解可能存在的混淆因素或潜在交互作用。

（2）分层分析。将数据按照潜在混淆因素进行分层分析，以便更好地理解不同子群体内的趋势。

（3）统计控制。在分析中考虑潜在混淆因素作为控制变量，以确保结果的可靠性和准确性。

（4）可视化。使用可视化工具和图形来展示不同子群体内的趋势，以帮助理解数据。

总之，辛普森悖论是一个重要的统计学现象，它提醒我们在数据分析中要格外谨慎，考虑潜在混淆因素，以避免误导性的结论。深入理解数据并采用适当的分析方法可以帮助我们揭示真实的关系和趋势。

> 在统计学中，潜伏变量（latent variable，意为"隐藏"）是一种只能通过数学模型间接推断出来的变量，这一推断是基于其他可以直接观察或测量的可观察变量。例如，在心理学中，智力（intelligence）被视为一个潜伏变量，因为它不能直接观察或测量。然而，通过设计一系列任务或问题（即可观察变量），研究人员可以间接地测量智力。

> 尽管潜伏变量和因变量都可以是研究中所要估计或理解的变量，但它们之间存在着关键区别。潜伏变量不能直接观察或测量，而因变量可以。

潜伏变量、因变量和哑变量的区别

1. 潜伏变量

潜伏变量（latent variable）是一种不能直接观察或测量的变量。它通常通过一组可观察变量间接推断出来。例如，在心理学中，智力是一种潜伏变量，因为我们不能直接测量智力，但可以通过各种测试得分间接衡量它。

2. 因变量

因变量（dependent variable）是研究中你想要预测或解释的变量。它是实验中的响应或结果变量，可以直接观察和测量。例如，在药物治疗研究中，患者的恢复速度可能是因变量，因为它可以被直接观察和测量。

3. 哑变量

哑变量（dummy variable）是一种用于处理类别性变量的数值变量。通常，它将类别变量（例如性别：男、女）转换为一组二元变量（例如，0或1），使这些变量能够纳入统计模型中。哑变量直观、直接，并且是从数据中明确得到的，通常用于回归分析中，以包含定性数据。表4-3对比分析了上述三种变量。

表4-3 潜伏变量、因变量和哑变量的区别

比较项	潜伏变量	因变量	哑变量
定义	无法直接观察或测量，通常通过其他可观察变量间接推断出来的变量	被研究者用以观察其变化的变量，其变化依赖于其他变量	将类别变量转换为二元变量（0或1）的数值变量
用途	代表无法直接观察的抽象概念或未观察到的变量，例如心理状态、满意度等	研究中需要预测或解释的主要变量	用于回归分析中，以包含定性数据，特别是类别数据
性质	抽象、隐含	明确，可以直接测量	明确、直观，可以直接从数据中获得
测量方式	间接，通过观察变量和数学模型推断	直接，可以清晰观察或测量	直接，通过对类别变量的编码得到
实例	智力、心理健康状态	血压、成绩、收入	性别（男=1，女=0），是否吸烟（是=1，否=0）

4.1.3 伯克森悖论

1. 主要含义

伯克森悖论（Berkson's paradox）是一种统计现象，指在特定条件下，两个看似相关的事件在实际上是相互独立的。这一现象通常涉及样本选择偏差，即数据的样本来源不是随机的，导致观察到的关联性呈现伪相关。

> 在两个或多个独立事件之间出现的伪相关性。如果两个事件都是独立发生的，但在样本选择时，其中一个事件受到了限制或筛选，导致样本中观察到两个事件之间的关联性。
>
> 伯克森悖论是因数据采样或选择方式引起的现象，虽然在总体上两个属性可能存在某种关系，但在特定条件下这种关系可能出现反转。解决方法包括谨慎数据处理、控制混淆因素、因果推断及敏感性分析。

2. 典型案例

在一项医学研究中，研究人员想了解吸烟与患肺癌的关系。如果他们仅仅选择在医院接受治疗的肺癌患者作为研究对象，他们可能会发现许多患者都吸烟。但这并不能证明吸烟导致了肺癌，因为这个样本集合是非典型的，里面的人都已经患病了，所以吸烟和患肺癌的关系看起来很强烈。然而，如果研究人员将所有人口中的吸烟者和非吸烟者一起考虑，就可能会发现吸烟与肺癌之间的关系不那么明显。

3. 出现的原因及应对方法

伯克森悖论在数据科学中出现的原因通常是由于样本选择偏差或数据收

集方法不恰当，导致观察到的相关性在实际上是伪相关。为了避免伯克森悖论，数据科学家应采取以下方法。

（1）随机抽样。尽量确保样本是随机抽样的，代表性良好。

（2）注意样本来源。了解数据的样本来源，考虑潜在的偏差因素，例如，是否存在特定群体或条件的选择偏好。

（3）多角度分析。综合不同角度的分析，而不仅仅依赖于单一样本或方法，以减少伪相关性的影响。

（4）谨慎解释。在得出结论时，要小心解释相关性，并避免过于绝对的语言，承认可能存在的不确定性。

> 如样本选择偏差。样本不是随机选择的，而是基于一些特定的条件选择的，那么样本中不同变量之间可能会出现假的相关性，即使这些变量在整体群体中是独立的。

4.2 伦理及道德

1. 主要含义

（1）数据伦理。数据伦理（data ethics）是研究如何合理、公平、透明地收集、处理和使用数据的原则和规范。它关注的是在数据科学和数据分析中，如何处理数据以避免对个体和社会产生负面影响，同时确保数据使用符合法律和伦理标准。

（2）数据道德。数据道德（data morality）强调数据处理和决策过程中的道德问题，包括对数据主体权利的尊重、隐私保护、公平性和正义等方面的考虑。数据道德强调在数据使用中考虑伦理和道德价值观，确保数据的应用不会对社会造成伤害或不公平。

2. 典型案例

（1）算法歧视案例。在招聘领域，某公司使用算法筛选简历时，发现其算法对男性应聘者有明显偏好，而对女性应聘者评分相对较低。这种算法歧视导致了性别不平等，对女性的就业机会造成了不公平影响。

（2）数据攻击案例——谷歌炸弹。谷歌炸弹（Google bomb）是一种数据攻击，通过恶意构造链接文本，将某一特定网页的排名提高，即使与搜索主题无关。这种攻击可以用于商业竞争、政治目的或恶作剧等，对搜索引擎结果的公平性和可信度构成威胁。

3. 数据科学中数据伦理和数据道德危机出现的原因及应对方法

（1）原因。数据伦理和数据道德危机出现的原因包括算法和模型中的偏见、数据泄露、隐私侵犯、伦理标准缺失等。这些问题可能由于数据不平衡、数据质量差、模型选择不当、不透明算法或决策过程中的意识不足等引起。

（2）应对方法。应对数据科学中数据伦理和数据道德危机的方法如下。

① 数据审核和清洗。对数据进行严格审核和清洗，以减少数据偏见和

错误，确保数据质量。

② 透明度和解释性。使用透明和可解释的算法和模型，使决策过程能够被理解和监控。

③ 隐私保护。采取隐私保护措施，如数据匿名化、脱敏等，确保个人数据的安全和保密性。

④ 伦理审查。在数据科学项目中进行伦理审查，评估潜在的伦理和道德风险，制定合适的伦理准则。

⑤ 多元化团队。构建多元化的数据科学团队，以确保不同观点和价值观的充分讨论和审查。

⑥ 监管和法规遵守。遵守相关法律和法规，如欧洲的 GDPR 和美国的 CCPA，以确保数据使用合法合规。

> 2018 年 12 月 11 日，在美国国会听证会上，民主党国会议员 Zoe Lofgren 就"在谷歌图片上搜索 idiot（白痴）会出现某著名政治家的照片"一事，质问了时任谷歌公司 CEO 桑达尔·皮查伊（Sundar Pichai），"为何搜索 idiot 会出现特朗普总统的图片？谷歌搜索到底是如何运作的？"桑达尔·皮查伊回答说："每当输入关键字，Google 就会在其索引中抓取并存储几十亿个'网站'页面的副本。我们将关键字与其页面进行匹配，然后根据 200 多个因素对结果进行排名，如相关性、新鲜度、流行度、其他人如何使用它等。基于此，在任何给定时间内，我们尝试为该查询排序并找到最佳搜索结果。然后我们用外部评估员评估它们，他们根据客观指导进行评定。这就是我们确保（搜索）这个过程有效的方法。"Zoe Lofgren 讽刺地问道："所以，不是你们有一些小人躲在窗帘后面操控要向用户展示什么吗？"皮查伊回答道："这是大规模的运作，我们不会手动干预任何特定的搜索结果。"

4.3 隐私保护

数据科学中，隐私保护是指一系列的策略、技术和工具，用于确保在收集、存储、处理和共享数据时，个人或敏感信息不会被泄露或不当使用。隐私保护的目的是平衡数据利用的价值与个体隐私权的保护。以下是隐私保护中的关键概念和方法。

1. 数据匿名化和数据伪名化

（1）数据匿名化。数据匿名化（anonymization）指将个人数据处理成无法与个人关联的形式。在个人隐私保护中，数据匿名化用于防止非授权访问者将数据与个人关联，例如，在医疗研究中共享患者数据时，会去除所有能够识别个人身份的信息，如姓名、地址和联系方式。数据的匿名化处理通常涉及删除、模糊化或加密个人标识符和其他敏感信息。

（2）数据伪名化。数据伪名化（pseudonymization）指替换个人数据的某一部分以防止与个人关联，但如果拥有额外信息，仍可将数据与个人关联起来。数据伪名化主要用于减少数据处理的隐私风险，同时保持数据的实用性。例如，用户数据存储时，可将用户名替换为随机生成的 id。

> 数据匿名化是一种使个人数据无法恢复和识别的过程，而数据伪名化则是将个人数据中的标识性信息替换为假名，虽然降低了数据的识别性，但在拥有额外信息的情况下，仍有可能重新识别个人。

2. 差分隐私

差分隐私（differential privacy）是一种创新的隐私保护技术，其目的是在不泄露单个个体精确信息的前提下，提供有关总体数据集的有用信息。差分隐私通常通过向数据或查询结果中添加一定量的"噪声"来实现，这种噪声足够大，足以掩盖任何单个数据点对于输出结果的贡献，但又足够小，以至于总体数据集的统计特性仍然保持。这意味着即便有恶意攻击者试图推断单个个体的信息，由于加入的噪声，他们也无法得到准确的信息。例如在医疗、社会科学研究和市场分析中，研究人员可以利用差分隐私技术，安全地发布有关大型数据集的统计数据，而无须担心个人隐私被侵犯。

> 尽管差分隐私提供了一种有效的隐私保护方法，但它也带来了一些挑战，其中最大的挑战是如何平衡隐私保护和数据准确性之间的关系。添加过多的噪声会更好地保护隐私，但也可能导致发布的统计数据失去实用价值。因此，在实施差分隐私时，需要仔细考虑这种权衡，确保在保护个人隐私的同时，仍能获得有用的统计信息。

3. 最小化数据采集

在个人隐私保护的领域里，最小化数据采集是一项基本原则，强调仅采集实现特定目的所需的最少数据，并避免采集不必要的个人信息。这个原则的核心是尽可能减少对个人隐私的侵入，同时满足组织或服务提供者的实际需要。以一个在线零售商为例，为了处理客户的购买订单，他们可能需要收集客户的姓名、地址、联系方式和支付信息。然而，收集客户的出生日期、婚姻状况或其他非核心信息则可能违反最小化数据收集原则，因为这些信息并不是处理订单所必需的。

4. 访问控制

在个人隐私保护中，访问控制是一个至关重要的组成部分，它确保只有经过授权的人员能够访问存储或处理的数据。这个原则涵盖了对数据的读取、修改、删除和传输等各种可能的操作，旨在防止未经授权的访问和数据泄露，保护个人信息不被滥用。实施访问控制的方法包括设置密码、使用多因素认证、定义用户角色和权限，以及进行访问审计等。举例来说，一家医院可能会设置不同层级的访问权限，医生和护士能够访问与其相关的患者信息，而行政人员则可能仅能访问非敏感的患者信息。

> 组织还需定期审查访问权限，确保每个用户的访问权限都是最小必要权限，即仅有完成工作所需的访问权限。同时，定期的访问权限审查也可以及时发现和纠正任何不恰当的权限分配，进一步减少内部和外部的数据安全风险。

5. 数据保管期限

在个人隐私保护的背景下，数据保管期限成为一个关键考虑因素，目的是减少因长期存储不必要数据所带来的潜在风险。首先，企业或组织需要明确设定个人数据的保管期限。这个期限通常应基于数据的用途和法律要求来设定。一旦超出了设定的期限，数据应被安全地销毁或删除。例如，一个医疗健康应用收集了用户的个人健康信息，应明确规定这些敏感信息的保存时长。过了保管期限后，应用需要采取必要的措施，比如加密和物理销毁，来确保数据的安全删除，防止其被未经授权的访问和使用。

6. 知情同意

在个人隐私保护中，知情同意是一项关键原则。这意味着，个人有权知晓其个人信息如何被收集、存储、处理和共享，并且有权在这些活动发生之前做出明确的同意。

7. 数据脱敏

数据脱敏是一种保护敏感信息的策略，通过移除、替换或重新排列数据中的敏感信息，来预防个人身份在数据不当访问或泄露时被暴露。这个过程涉及对数据的一些特定元素，如姓名、地址、电话号码和社会保障号进行修改，以保护个人的隐私，同时仍保留数据的用途和价值。假设一个医疗机构拥有一份包含患者姓名、病历号、诊断信息和家庭地址的数据。为了研究目的而分享数据时，该机构应该进行数据脱敏处理，数据脱敏处理方法包括移除、替换和重新排列。

（1）移除。患者的姓名和地址可以从数据集中完全移除，以减少识别个人身份的风险。

（2）替换。对于某些特定信息，如病历号，可以用随机生成的标识符替换，以避免直接关联到个人。

（3）重新排列。某些非敏感的数据元素，如年龄和性别，可以重新排列，以减少直接关联到个人的可能性。通过这些脱敏处理，数据集仍可以用于科学研究和分析，但是个人的隐私得到了有效保护。

8. 举证责任倒置

举证责任倒置法是一种法律原则，它在个人隐私保护的一些特定情况下具有重要意义。通常情况下，如果个人认为其隐私权被侵犯，则需要提供证据，证明其隐私权确实受到了侵犯。然而，当应用举证责任倒置法时，责任会转移到被指控侵犯隐私的企业或个人，即他们必须证明自己没有侵犯原告的隐私权，或者他们的行为是基于合法的、明确的同意。例如，如果一家公司被指控未经授权处理用户数据，该公司可能需要证明它是在用户明确同意的基础上，合法地处理了数据。如果该公司不能提供足够的证据证明其合法性，则可能被视为侵犯了用户的隐私权。

2021年8月颁布的《中华人民共和国个人信息保护法》第六十九条明确规定"处理个人信息侵害个人信息权益造成损害，个人信息处理者不能证明自己没有过错的，应当承担损害赔偿等侵权责任"。

> 2013年剑桥大学的研究员Aleksandr Kogan创建了一款名为This is Your Digital Life的应用，付费吸引Facebook用户做心理测试，它不仅可以收集参加测试的用户的数据，还可以在用户好友不知情的情况下获取他们的数据。然后把多达8700万用户的数据卖给了剑桥分析（Cambridge Analytica）。2015年，Facebook要求剑桥分析删除上述数据，但Facebook接到的其他报告表明，这些被滥用的用户数据并未被销毁。2016年总统大选，剑桥分析利用这些数据协助特朗普竞选。2018年剑桥分析的前员工Christopher Wylie公布了一系列文件，揭露了Facebook—剑桥分析的数据丑闻。2018年5月2日，剑桥分析正式关闭其运营业务并宣布破产。2018年3月19日，Facebook股价大跌7%，市值蒸发了360多亿美元。"卸载Facebook"运动得到了许多网友的支持。

4.4 A/B测试

A/B测试为数据科学中的偏见消除、悖论解决、伦理道德指导和隐私保护提供了实验方法和指导原则。

1. A/B测试的定义及特征

A/B测试是一种实验方法，用于比较两个或多个不同的变体（通常是A和B）以确定哪个在特定情境下更有效。其特征包括：

（1）随机分组。参与者被随机分配到不同的测试组（例如，A组和B组），以确保实验结果的公正性和可靠性。

（2）对比性。A/B测试的目标是比较不同变体的性能，通常以一个或多个关键指标（例如转化率、点击率、用户留存等）作为评估标准。

（3）同一时间维度。A/B测试是在相同的时间段内进行的，以消除季节性或时间趋势的影响。

（4）随机化策略。随机选择参与者分组的方法是A/B测试的核心，确保了实验组和对照组之间的可比性。

（5）数据收集。收集参与者的行为和反馈数据，以便后续分析。

2. A/B测试的方法与步骤

从方法论角度看，A/B测试可以视为一种分组对照试验。在A/B测试中，通常将受试者（用户）分成两个或多个群组，每个群组对应不同的处理（A组和B组，或更多组）。这些群组之间的对照是为了比较不同处理对实验结果的影响，符合分组对照试验的基本思想。A/B测试通常包括以下步骤。

（1）问题形成。明确定义要解决的问题或假设，例如，是否更改网站界面会增加用户转化率。

（2）随机分组。将参与者随机分为实验组（A组）和对照组（B组），确保两组在其他方面相似。

（3）生成变体。对实验组应用变化（例如，更改界面设计），而对对照组保持不变。

（4）数据收集。收集参与者的数据，包括用户行为、点击率、转化率等关键指标。

（5）分析数据。使用统计方法分析两组之间的差异，确定变化是否显著。

（6）得出结论。根据分析结果决定是否采纳变化，或者需要进一步优化。

（7）实施改进。如果实验组的变化表现更好，可以将其正式实施，并继续监测结果。如果没有明显改善，可以尝试其他变化。

3. A/B测试的应用及案例

《卫报》（*The Guardian*）的Soulmates约会网站的产品经理克斯廷（Kerstin Exne）注意到大多数访问网站的用户并没有转化为付费订阅者，她提出假设：提前展示更多现有用户的信息将增加订阅量。为验证这一假设，克斯廷进行了A/B测试，测试包括一个添加了类似的个人资料、搜索功能和客户评价的变体登录页面。经过A/B测试，获胜的版本将订阅转化率提高了46%以上，证明了假设的有效性。这个案例展示了A/B测试在优化网站用户体验和提高业务转化率方面的应用。它帮助产品经理做出了基于数据的决策，以改善网站的性能和盈利能力。

> 随机对照试验（RCT）被视为评估医学干预效果的"黄金标准"，在西医中占据了至关重要的地位。RCT能够提供高级别的科学证据，以支持或反驳特定的医学干预措施，因此在很多医学和临床研究中，RCT被用来测试新的治疗方法、药物或其他干预的效果。

> A/B测试分两个版本；RCT测试分两组。

随机对照试验

A/B测试可以看作是一种随机对照试验（randomized controlled trial，RCT）的特殊形式。在A/B测试中，参与者（例如网站访问者）被随机分配到两个或多个组别，每个组别都接受不同的处理（例如不同版本的网页），然后分析不同组别的结果以确定哪种处理最有效。

1.随机对照试验

随机对照试验是一种科学实验设计，广泛应用于医学、心理学、社会科学等领域，用于测试干预或治疗的效果。在RCT中，参与者被随机分配到实验组和对照组。实验组接受特定的治疗或干预，而对照组可能接受安慰剂治疗、无治疗或常规治疗。随后，研究人员比较两组在特定结果（例如病症改善、用户转化率等）上的表现，以确定干预的效果，如图4-2所示。

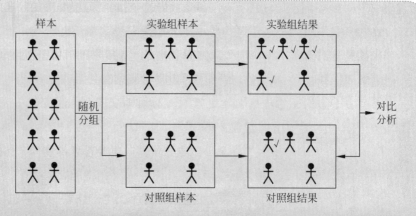

图 4-2 随机对照试验

2. 随机对照试验的重要性

（1）减少偏见。RCT通过随机分配可以平衡实验组和对照组之间的已知和未知的混杂变量，从而减少偏见和混杂的可能性。

（2）因果推断。RCT的设计允许研究人员更有信心地做出因果关系的推断。如果实验组和对照组之间存在显著差异，且实验设计良好，那么这种差异很可能是由干预引起的。

（3）实证决策。RCT提供了实证依据，支持决策制定者、政策制定者和临床医生做出更为明智、科学的决定。

（4）科学发现。RCT可以揭示新的治疗方法、干预措施或政策的有效性，为科学进步和社会发展提供支持。

综上所述，随机对照试验是一种非常重要的科学研究方法，因为它可以提供关于治疗效果或干预效果的可靠、无偏的证据，这对于科学发现和决策制定都至关重要。

4.5 数据安全保障

大数据很难做到无条件的绝对安全，人们追求的是有条件的相对安全。数据安全保障是数据的保护者和攻击者之间的一个动态博弈过程。当攻击或入侵的代价超出数据本身的价值，或者攻击或入侵所需的时间超出数据的有效期时，入侵者一般不会采取攻击或入侵。

4.5.1 数据安全法

《中华人民共和国数据安全法》是为了规范我国数据处理活动，保障数据安全，促进数据开发利用，保护个人、组织的合法权益，维护国家主权、安全和发展利益而制定的。主要内容如下。

《中华人民共和国数据安全法》由中华人民共和国第十三届全国人民代表大会常务委员会第二十九次会议于 2021 年 6 月 10 日通过，自 2021 年 9 月 1 日起施行。

1. 总则

规定了数据安全的重要性，并对数据处理活动做了总体性的规定；指出了数据安全法的主旨，强调了对数据安全的管理和维护。

2. 数据安全与发展

提到了政务数据的科学性、准确性、时效性，以及运用数据服务经济社会发展的能力。国家在这方面会进行大力推进，提高政务数据各方面的安全与发展。

3. 数据安全制度

国家机关需建立健全数据安全管理制度，严格执行，落实数据安全保护责任。所有的数据收集、使用、存储和处理都要符合法律、行政法规的规定。

4. 数据安全保护义务

详细描述了国家机关在收集、使用数据时的保护义务。包括在履行职责中知悉的个人隐私、个人信息、商业秘密等都应依法保密，不得泄露或非法向他人提供。

5. 政务数据安全与开放

强调了国家机关应公开政务数据，遵循公正、公平、便民的原则，但依法不予公开的除外，并且应建立统一规范、互联互通、安全可控的政务数据开放平台。

6. 法律责任

如果违反了法律，则将承担相应的法律责任。这包括但不限于罚款、暂停相关业务、停业整顿、吊销相关业务许可证或营业执照等，甚至追究刑事责任。而履行数据安全监管职责的国家工作人员，如玩忽职守、滥用职权、徇私舞弊，也将依法给予处理。

信息系统安全等级保护是一种策略，旨在根据信息系统的重要性和风险来制定相应的安全措施。这种策略通常根据不同的攻击来源和保护对象，将信息系统划分为不同的安全等级，并为每个等级提供相应的保护要求和措施。以《信息系统安全等级保护基本要求》(GB/T 22239—2008) 为例，其主要安全等级及其保护策略如表 4-4 所示。

表 4-4 信息系统安全等级保护基本要求

等 级	攻击来源	保护对象	应对要求
第 1 级	个人的、拥有很少资源的威胁源发起的恶意攻击；一般的自然灾难	关键资源	在系统遭到损害后，能够恢复部分功能

续表

等级	攻击来源	保护对象	应对要求
第2级	外部小型组织的、拥有少量资源的威胁源发起的恶意攻击；一般的自然灾难	重要资源	能够发现重要的安全漏洞和安全事件；系统遭到损害后，能够在一段时间内恢复部分功能
第3级	来自外部有组织的团体、拥有较为丰富资源的威胁源发起的恶意攻击；较严重的自然灾难	主要资源	能够发现安全漏洞和安全事件；系统遭到损害后，能够较快恢复绝大部分功能
第4级	国家级别的、敌对组织的、拥有丰富资源的威胁源发起的恶意攻击；严重的自然灾难	全部资源	能够发现安全漏洞和安全事件；在系统遭到损害后，能够迅速恢复所有功能

数字免疫系统（digital immune system）通过结合多种软件工程策略来防范风险，从而提供增强的客户体验。通过可观察性（observability）、自动化（automation）以及极端的设计和测试（extreme design and testing），它提供了能够减轻运营和安全风险的强韧系统。

4.5.2 P²DR 模型

> P²DR 模型属于有条件的相对安全。模型中提出了不同的条件和时间要求，根据入侵所需的时间是否大于 0，以及其他相关因素，来评估网络安全的相对安全性。这种相对安全性意味着在特定条件下，网络可以被视为相对安全的，但并不是绝对安全的。

P²DR 模型是美国 ISS 公司提出的一种动态网络安全体系，认为网络安全是一种动态的、有条件的相对安全。P²DR 模型包括 policy（策略）、protection（防护）、detection（检测）和 response（响应）四部分，如图 4-3 所示。其中，安全策略处于核心地位，为其他三个组成部分提供支持和指导，而保护、检测和响应为网络安全的三个基本活动。从相对安全角度看，P²DR 模型可以用以下公式表示。

（1）当入侵所需时间大于 0，即 P_t 大于 0 时，$P_t > D_t + R_t$，其中，P_t、D_t 和 R_t 分别代表为防护时间、检测时间和响应时间。

（2）当入侵所需时间等于 0，即 P_t 等于 0 时，$E_t = D_t + R_t$，其中，E_t 为数据的暴露时间。

图 4-3 P²DR 模型

> 通常，一种算法在性能上表现得越好，它的可解释性就越差，反之亦然。

4.6 解释与信任

在大数据时代，数据科学和机器学习领域出现了一个重要的挑战，即性能与可解释性之间的矛盾。这一矛盾涉及算法的两个关键方面。

（1）性能。性能（performance）指算法在解决实际问题时的效果和能力。一些算法，特别是深度学习算法，在性能方面表现出色，可以处理大规模的数据和复杂的任务，取得了显著的成果。这些算法通常以准确性和预测能力为特点。

（2）可解释性。可解释性（interpretability）指人们能够理解算法背后的原因、逻辑和决策过程。在某些情况下，尤其是涉及法律、医疗、金融等领域的决策时，可解释性是至关重要的，因为需要了解为什么算法做出了特定的决策，以便进行合理的解释和验证。

性能与可解释性之间的矛盾在于，一些性能出色的算法往往难以解释，而一些可解释性强的算法性能可能有限，如图4-4所示。深度学习模型在图像识别、自然语言处理等任务上取得了令人瞩目的性能，但其内部结构和权重通常难以解释，因此在某些情况下，人们无法理解为什么模型会做出特定的预测。

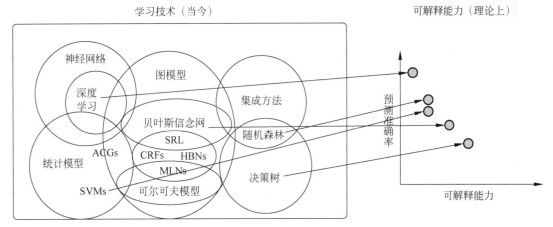

图 4-4　算法的性能与可解释性的矛盾

可解释性机器学习（explainable AI，XAI）是近年来机器学习领域的一个研究重点，它致力于开发能够生成更清晰、更可解释的预测结果的模型。

解决性能与可解释性之间的矛盾是数据科学和机器学习领域的一个重要挑战。研究人员正在努力开发新的算法和技术，以在保持高性能的同时提高可解释性。这将有助于确保算法在关键领域中的可信度和可用性，同时也为决策者提供了更清晰的洞察力，以便理解和信任算法的决策过程。

> AI TRiSM（AI trust, risk and security management，AI 信任、风险和安全管理）支持 AI 模型的治理、可信度、公平性、可靠性、稳健性、有效性和数据保护。它结合了用于解释 AI 结果的方法，快速部署新模型，积极管理 AI 安全性，以及针对隐私和伦理问题的控制手段。

1. 数据科学中的解释

在数据科学中，解释是指能够理解和说明数据、模型、算法和分析结果的过程。解释性在数据科学中非常重要，因为它帮助人们理解为什么某个模型做出了特定的预测或决策，以及它是如何得出这些结果的。以下是关于数据科学中解释性的更详细说明以及如何实现解释性的方法。

（1）可解释性机器学习（interpretable machine learning）是指在机器学习中，特别是在构建复杂模型（如深度学习模型）时，使模型的决策过程和预测结果更容易理解和解释的方法和技术。可解释性机器学习关注如何使黑盒模型变成白盒模型，以便能够解释模型是如何基于输入数据做出决策的。这对于监督、无监督和强化学习等各种机器学习任务都有重要意义。例如，生成特征重要性分数、局部解释性方法、模型可视化等都是实现可解释性机器学习的方法。

（2）可理解性人工智能（explainable artificial intelligence）的概念更广泛，不仅包括机器学习，还包括其他形式的人工智能系统。可理解性人工智能强调了人工智能系统的决策和行为需要能够被人类理解和解释。这不仅涉及模型可解释性，还包括系统的设计、规则、决策过程和交互方式。可理解性人工智能更加注重在设计和开发人工智能系统时考虑解释性，以确保用户、监管者和其他利益相关者能够理解系统的工作原理。

> 可解释性机器学习是一种实现可解释性的方法和技术，而可理解性人工智能是一个更广泛的理念，关注于人工智能系统的整体可解释性，包括算法、模型、规则和用户界面等方面的设计。

性能高的模型不一定可信

假设存在一种数据分析模型，能够以极高的准确率精准分类图中所呈现的动物，准确地辨识出哈士奇与狼（图4-5），其表现甚至有可能超越非专业人士的判断能力。然而，由于该模型过于复杂并缺乏可解释性，我们无从得知该模型是如何判定一张图片呈现的动物是狼还是哈士奇。面对这一情况，我们能够信任该分析模型吗？

图4-5　哈士奇与狼

参见 M T Ribeiro, S Singh, C Guestrin. "Why should I trust you?" Explaining the predictions of any classifier.

微软的高级研究员 Marco Tulio Ribeiro 对此类问题进行了深入研究。他采用了一种独特的方法，通过遮蔽图片的某些局部区域，观察数据分析模型是否仍能正确地进行分类。研究发现，该数据模型并非依据哈士奇和狼的特征进行判断，而是通过分析图片背景来做出分类——拥有雪地背景的被判定为"狼"，而非雪地背景的则被判定为"哈士奇"。这是因为在模型训练时所使用的训练集中，大多数图片都呈现出这一特征。

于是，虽然该模型的性能表现出色，准确率高，但由于其决策依据并非动物的实际特征，而是图片的背景，这让我们不得不重新考虑：我们真的可以信任这样的模型吗？这一发现强调了深入理解模型决策逻辑与依据的重要性，即便模型展现出了高准确率，如果其决策依据不合理，我们也应保持警觉。

2. 数据科学中的信任

数据科学的信任通常是建立在解释和透明性的基础上，但也涉及其他因素。以下是建立数据科学信任的五种最主要的实现方法和技术。

（1）可解释性模型。使用可解释性模型，如线性回归、决策树等，能够更容易理解和解释模型的决策过程，提高用户对模型的信任。

（2）特征工程和特征选择。合理的特征工程和特征选择过程有助于提高模型的可解释性，使用户能够理解哪些特征对结果产生了影响。

（3）模型可视化工具。使用可视化工具，如 SHAP（shapley additive explanations）值、LIME（local interpretable model-agnostic explanations）等，可以提供模型的可视化解释，帮助用户理解模型的预测原理。

（4）数据透明性。提供数据的来源、收集方式、处理方法和清洗过程的透明性，让用户了解数据的质量和可信度。

（5）隐私保护技术。使用数据伪名化、差分隐私等隐私保护技术，确保个人数据不被滥用或泄露，增加用户对数据科学项目的信任。

结　语

本章深入探讨了数据科学与伦理之间的交叉点，并强调了伦理在数据科学领域的至关重要性。数据伦理不仅涉及数据隐私和保护，还包括对潜伏变量、辛普森悖论、伯克森悖论等概念的理解与处理。此外，我们深入研究了 A/B 测试，这是数据科学中评估不同策略效果的关键方法。

> 在大数据时代,数据的应用已经深刻影响了社会的各个领域,因此对数据的伦理和隐私保护更加重要。数据科学家和决策者必须认识到,在数据驱动决策的过程中,伦理决策与道德价值观的融合是不可或缺的。只有坚守伦理原则,确保数据隐私,才能够建立可信的数据科学体系,推动社会的可持续发展。
>
> **继续学习建议**
>
> (1) 深入研究伦理决策。进一步学习伦理决策的理论与实践,了解不同伦理体系对数据科学的影响,以更好地应对伦理挑战。
>
> (2) 加强数据伪名化技术。深入研究数据伪名化技术,学习如何将个人数据转化为无法与原始数据源关联的形式,以确保数据隐私。
>
> (3) 研究潜伏变量和相关统计现象。深入研究潜伏变量、辛普森悖论和伯克森悖论等统计现象,提高对其影响的敏感性和辨识能力。
>
> (4) A/B测试实践。在实际项目中积累A/B测试的实践经验,包括设计、实施和结果分析,以更精确地评估不同策略的效果。
>
> (5) 跟踪数据伦理法规。持续关注数据伦理法规和隐私法律的更新,确保数据科学项目的合法性与合规性。

习题

一、选择题

1. 数据匿名化的目的是什么?

   A. 增加数据存储成本　　　　　　　　B. 保护数据隐私

   C. 提高数据分析速度　　　　　　　　D. 增加数据收集量

答案:B。

解析:数据匿名化的主要目的是保护数据的隐私,防止个人身份被泄露。

2. 什么是辛普森悖论?

   A. 不同数据集之间的不一致性　　　　B. 随机事件的发生

   C. 多个单独分布的潜伏变量导致趋势反转　　D. 数据丢失

答案:C。

解析:辛普森悖论是指多个单独分布的潜伏变量导致趋势在汇总时反转或消失的现象。

3. 伯克森悖论的主要原因是什么?

   A. 统计偏差　　　B. 数据缺失　　　C. 数据泄露　　　D. 数据质量问题

答案：A。

解析：伯克森悖论的主要原因是统计偏差，即在特定条件下，两个本来无关的变量之间出现了虚假的相关关系。

4. 在 A/B 测试中，A 和 B 代表什么？

    A. 有条件和无条件　　　　　　　　　　B. 控制组和实验组

    C. 数据采集和数据存储　　　　　　　　D. 成本和效益

答案：B。

解析：在 A/B 测试中，通常 A 代表控制组，而 B 代表实验组。

5. 为什么 A/B 测试在数据科学中很重要？

    A. 用于加密数据　　　　　　　　　　　B. 用于掩盖数据

    C. 用于评估不同策略的效果　　　　　　D. 用于销毁数据

答案：C。

解析：A/B 测试在数据科学中重要，因为它用于评估不同策略、设计和变化的效果，帮助做出数据驱动的决策。

6. 以下哪个是数据科学中的一个关键伦理问题？

    A. 最优化算法　　　B. 数据可视化　　　C. 隐私保护　　　D. 数据存储

答案：C。

解析：隐私保护是数据科学中的一个关键伦理问题，涉及如何保护个人隐私信息。

7. 在数据科学中，解释性机器学习的主要目标是什么？

    A. 提高计算速度　　　　　　　　　　　B. 提高模型性能

    C. 提高模型的可解释性　　　　　　　　D. 提高数据存储能力

答案：C。

解析：解释性机器学习的主要目标是提高模型的可解释性，以便理解模型的决策过程。

8. 数据科学中的信任通常基于什么？

    A. 模糊性　　　　　B. 解释性　　　　　C. 随机性　　　　　D. 复杂性

答案：B。

解析：数据科学中的信任通常基于模型的解释性和透明性。

9. 数据科学中的数据保护者与攻击者之间的关系可以被描述为什么？

    A. 合作关系　　　　B. 无关系　　　　　C. 动态博弈关系　　　D. 独立关系

答案：C。

解析：数据保护者与攻击者之间存在动态博弈关系，攻击者试图入侵或攻击，而数据保护者努力保护数据。

10. 数据匿名化和数据伪名化的区别是什么？
    A. 数据伪名化只涉及数值数据　　　B. 数据匿名化只涉及文本数据
    C. 数据伪名化保留数据关键特征　　D. 数据匿名化完全删除数据

答案：C。

解析：数据伪名化保留了数据的关键特征，而数据匿名化通常是将数据转化为无法与原始数据源关联的形式。

11. 数据脱敏的主要目的是什么？
    A. 增加数据收集　　　　　　　　　B. 提高数据可用性
    C. 防止数据泄露　　　　　　　　　D. 提高数据分析速度

答案：C。

解析：数据脱敏的主要目的是防止数据泄露或不当访问时暴露个人身份。

12. 在 A/B 测试中，控制组和实验组之间的主要区别是什么？
    A. 控制组不会受到任何干预　　　　B. 实验组不需要许可
    C. 控制组不提供数据　　　　　　　D. 实验组用于数据存储

答案：A。

解析：在 A/B 测试中，控制组不会受到任何干预，以便进行对照比较。

13. 差分隐私的主要目标是什么？
    A. 提高数据存储效率　　　　　　　B. 防止数据泄露
    C. 提高数据可解释性　　　　　　　D. 加速数据处理速度

答案：B。

解析：差分隐私的主要目标是防止数据泄露，同时允许对数据进行一定程度的查询和分析。

14. P^2DR 模型中，当入侵所需时间大于 0 时，入侵者采取的行动是什么？
    A. 不入侵　　　　　　　　　　　　B. 快速入侵
    C. 慢入侵　　　　　　　　　　　　D. 随机入侵

答案：A。

解析：当入侵所需时间大于 0 时，入侵者一般不会入侵，因为代价超出数据价值。

15. 数据科学的信任通常建立在哪些因素之上？

  A. 解释性、可观察性、自动化   B. 可伸缩性、可解释性、可视化

  C. 可用性、可伸缩性、自动化   D. 可解释性、透明性、可视化

答案：A。

解析：数据科学的信任通常建立在解释性、可观察性和自动化等因素之上。

16. 数据科学的解释性机器学习的主要目标是什么？

  A. 提高模型性能   B. 增加模型复杂性

  C. 提高模型的可解释性   D. 增加模型的难度

答案：C。

解析：解释性机器学习的主要目标是提高模型的可解释性，使模型决策更容易理解。

17. 数字免疫系统通过哪些策略来提供增强的客户体验？

  A. 随机性、可视化、自动化   B. 可观察性、自动化、极端的设计和测试

  C. 数据匿名化、数据伪名化、数据脱敏   D. 解释性、透明性、复杂性

答案：B。

解析：数字免疫系统通过可观察性、自动化以及极端的设计和测试来提供增强的客户体验。

18. 在差分隐私中，加入的噪声量越大，对数据隐私的保护越强，但同时也会怎样？

  A. 提高数据可用性   B. 降低数据可用性

  C. 提高数据可解释性   D. 提高数据收集速度

答案：B。

解析：加入的噪声量越大，对数据可用性的影响越大，可能会降低数据可用性。

二、简答题

1. 当涉及数据匿名化和数据伪名化时，它们的主要区别是什么？

回答要点：

数据匿名化是将个人数据转化为无法与其原始数据源关联的形式，而数据伪名化保留了数据的关键特征，但用于标识个体的信息被替换成不可直接关联的标识符。

2. 在差分隐私中，加入的噪声量越大，对数据隐私的保护越强，但同时也会产生什么影响？

回答要点：

加入的噪声量越大，对数据的可用性影响越大，可能会降低数据的可用性。

3. 在 A/B 测试中，控制组和实验组之间的主要区别是什么？

回答要点：

控制组不会受到任何干预，而实验组会接受某种干预或处理，以便进行对照比较。

4. 数字免疫系统通过哪些策略来提供增强的客户体验？

回答要点：

数字免疫系统通过可观察性、自动化以及极端的设计和测试来提供增强的客户体验。

5. 数据科学的解释性机器学习的主要目标是什么？

回答要点：

解释性机器学习的主要目标是提高模型的可解释性，使模型的决策更容易理解。

6. 伯克森悖论是什么？

回答要点：

伯克森悖论是条件概率和统计的结果，即两个本来无关的变量之间体现出貌似强烈的相关关系。

7. P^2DR 模型中的 Pt、Dt、Rt、Et 分别代表什么？

回答要点：

Pt 代表入侵所需时间，Dt 代表检测时间，Rt 代表响应时间，Et 代表数据的暴露时间。

8. 为什么大数据很难做到无条件的绝对安全？

回答要点：

大数据很难做到无条件的绝对安全，因为数据安全是一个动态的、有条件的相对安全的过程，取决于攻击者的代价和时间是否超过数据的价值和有效期。

第 5 章　数据科学的产品与产业

> 工欲善其事，必先利其器。
>
> ——摘自《论语》

1. 学习目的

本章旨在使学习者深入了解数据产品、数据能力、数据治理、数据科学平台和数据科学产业领域。通过学习本章，学习者将能够掌握这些关键概念，并理解它们在数据科学领域的作用和重要性。

2. 内容提要

本章将全面介绍数据科学的关键领域，包括数据产品的定义、开发和管理，数据能力的建设，数据治理的原则和实践，数据科学平台的种类和特点，以及数据科学产业的发展趋势。通过深入研究这些内容，学习者将能够建立对数据科学领域的全面理解。

3. 学习重点

数据产品的定义、开发和管理，包括开源和商业产品。
数据能力的建设，包括数据收集、处理、分析和应用能力的提升。
数据治理的原则和实践，确保数据的质量、安全和合规性。
数据科学平台的种类和功能，包括专门平台和集成平台。
数据科学产业的发展趋势，包括开源技术的重要性和数据科学的创新驱动。

4. 学习难点

理解数据产品的概念和开发过程，以满足不同组织的需求。
理解数据能力的建设，包括数据处理和分析的技术和方法。
理解数据治理的原则和实践，确保数据的质量、安全和合规性。
区分专门平台和集成平台的特点，理解它们如何支持数据科学工作。
理解数据科学产业的发展趋势，包括开源技术的影响和创新方向。

5.1 数据产品

数据产品（data products）定义为通过数据助力用户实现特定目标的工具。其诞生于数据科学项目中，可供人类、计算机和其他软硬件系统使用以满足其特定需求。此类产品涵盖数据集、文档、知识库、应用系统、硬件系统、服务、洞察以及决策等，以及这些要素的各种组合。"数据为中心"是数据产品与其他产品的区分要点。

5.1.1 数据产品研发的特征

数据产品的"以数据中心"的特征不仅体现在"以数据为核心生产要素"，而且还体现在如下研究方法上。

1. 数据驱动性

数据产品的开发方向、技术选择以及工具应用通常受数据本身的影响，而非传统方式的目标、决策或任务导向。

2. 数据密集性

数据产品开发中的主要挑战和难点通常与数据的处理和分析相关，而不是计算或存储，从而凸显了其数据密集性特征。

3. 数据范式

数据产品通常遵循基于数据的研究方法论，其方法往往基于历史经验主义，而传统产品更侧重于基于知识的研究方法，其方法多基于理论完美主义。

> 历史经验主义（empiricism）依赖过去的经验和数据，理论完美主义（rationalism）依赖逻辑和理论模型，二者的区别在于依据和方法的不同。

> **数据产品的举例**
>
> 2016年，IBM Watson与时尚设计师共同合作，在Met Gala上展示了一件极具高科技的礼服。该礼服的设计采用了IBM Watson的认知计算能力，整合了大量数据，包括颜色、布料和流行趋势等，从而实现了一款融合了创新科技与时尚设计的产品（见图5-1）。
>
>
>
> 图5-1 IBM Watson与时尚设计师共同合作设计的礼服

> 数据驱动。该高科技礼服的设计完全是由数据驱动的。IBM Watson 通过深入分析海量的时尚相关数据,挖掘出时尚的发展趋势、人们的喜好和潜在的设计方向。这些数据分析的结果直接影响了礼服的设计决策,如颜色的选择、布料的使用和设计的整体构思,从而确保最终产品符合市场和用户的需求。
>
> 数据密集型。在设计这件礼服的过程中,IBM Watson 处理了大量的多样性数据,如图像、文本、用户互动等。这个过程涉及复杂的数据处理和分析,确保准确地理解和反映出时尚趋势和用户偏好。因此,该设计过程充分展现了数据产品开发的数据密集型特点。
>
> 数据范式。IBM Watson 采用了基于数据的研究范式来开发这件礼服。通过对大量历史和实时数据的学习和分析,Watson 能够理解并预测时尚设计的未来走向。这与传统依赖于理论和已有知识的研究范式形成了对比。基于数据的范式允许更为灵活和准确地适应市场动态,反映了数据产品在现代设计中的巨大潜力。
>
> IBM Watson 在 Met Gala 上展示的这件高科技礼服是一个典型的数据产品实例,它完美地融合了数据驱动、数据密集型和基于数据的研究范式。这不仅反映了数据科学在现代产品设计中的多方应用,也展示了其在推动创新和实现个性化需求方面的无限可能性。

5.1.2 数据柔术

数据柔术是数据产品开发中的专门方法。该方法由数据科学家 D. J. Patil 提出,它指的是将"数据"转换为"产品"的方法与技能。这一思维方式与古代的柔术(jujitsu)具有许多相似之处,后者被视为"借助对方的力量(而非自身的力量)达成成功"的艺术。因此,数据产品开发的核心挑战在于如何有效地利用目标用户的力量来解决数据产品中存在的问题。

> D. J. Patil 是一位美国数学家和计算机科学家,他于 2015 年至 2017 年担任了美国科学和技术政策办公室的首席数据科学家。

在传统 IT 产品的开发中,一般遵循着"三分技术、七分管理和十二分数据"的原则。这一原则基于一个核心前提,即在产品开发过程中,数据的重要性超越了技术和管理。而在数据产品的开发中,数据自然占据了核心地位,但同样不可忽视的还有智慧——这里所指的是数据产品开发中的创意和艺术性,以及用户体验(user experience,UX)。因此,在数据产品开发中实际遵循的是一种"三分数据、七分智慧和十二分体验"的原则,如图 5-2 所示。

"三分数据、七分智慧和十二分体验"原则反映了数据产品开发中应予以重视的三个基本问题。

图 5-2 传统产品开发与数据产品开发的区别

> DIKW 模型解释了从数据到智慧的层次关系，参见 1.1 节。

（1）数据。数据是数据产品开发的基础原材料。

（2）智慧。智慧来自数据科学家，作为数据产品开发的主要增值来源，体现在对数据的深刻理解和创新性应用。

（3）用户体验。用户体验是评估数据产品优劣的主要标准。

用户体验及用户体验设计

用户体验（user experience，UX）是指一个人在与某种产品、服务、系统或界面互动时所感受到的整体感觉和印象。这个概念关注的是用户与产品或系统之间的交互和互动过程中所产生的情感、满意度、效率和易用性等方面的体验。用户体验包括易用性、情感体验、效率、可访问性、一致性和可靠性。

（1）易用性。易用性（usability）指产品或系统的界面设计应该易于理解和操作，以确保用户能够轻松地完成任务，而不感到困惑或挫败。

（2）情感体验。情感体验（emotional experience）指用户与产品互动时会产生情感反应，这可能包括喜悦、满足、愉悦或失望、不满、沮丧等。设计者通常希望用户体验是积极的，因为积极的情感体验可以促进用户的忠诚度和满意度。

（3）效率。效率（efficiency）用来衡量用户体验涉及使用产品或系统时的时间和资源消耗。一个高效的用户体验意味着用户能够在短时间内完成任务，而不需要花费过多的精力。

（4）可访问性。可访问性（accessibility）指产品或系统应该对所有用户开放，包括有特殊需求的用户，如残障人士。因此，可访问性也是用户体验的一个重要方面。

（5）一致性。用户体验还包括产品或系统在不同平台或设备上的一致性，以及在整个用户旅程中的一致性（consistency）。这可以帮助用户更容易地适应和使用产品。

（6）可靠性。可靠性（reliability）指用户希望产品或系统能够稳定运行，不出现崩溃或错误，以保证用户体验不受干扰。

> 用户体验设计（user experience design）是一门涉及了解用户需求、设计用户界面、测试和改进产品的学问，简称 UX 设计，其目标是提供令用户满意的整体体验。良好的用户体验不仅能够提高产品的市场竞争力，还能够增加用户的忠诚度，从而对企业或组织产生积极影响。

5.2 数据能力

从理论上讲，数据能力的评价方法有两种：评价结果（结果派）和评价过程（过程派）。根据软件工程等领域的经验，质量评价和能力评估中通常采用"过程派"的思想。在数据科学中，数据能力的评价也采取过程评价方法。

> **软件危机及 CMMI 的提出**
>
> 软件危机（software crisis）指在软件开发过程中出现的一系列问题，包括项目超出预算、延期交付、软件质量差等问题，导致项目无法按照计划成功完成。这个概念最早由计算机科学家 Edsger W. Dijkstra 于 1972 年提出，并在之后成为软件工程领域的一个重要话题。软件危机的根本原因之一是软件开发过程的混乱和不可控性，导致项目的不确定性和风险增加。
>
> 为了解决软件危机，软件工程领域引入了过程改进方法，其中包括了 CMM（capability maturity model）和后来的 CMMI（capability maturity model integration）等模型。这些模型强调了过程的重要性，通过定义和管理一组成熟度级别，帮助组织提高其软件开发过程的可控性、质量和效率。这种过程评价方法已经在软件工程领域取得了显著的成功，帮助组织改善了软件开发过程，减少了项目失败的风险。
>
> 在数据科学和数据管理领域，类似的问题也存在。随着大数据时代的到来，组织面临着大量数据的管理和分析挑战，包括数据质量、数据安全、数据治理等问题。数据危机可能表现为数据质量不佳、数据分析项目无法按时完成、数据管理混乱等。因此，为了解决数据危机，采用过程评价方法来评估和提高组织的数据能力是一种合理的方法。
>
> 数据管理成熟度模型（data management maturity，DMM）是一个典型的过程评价方法，它帮助组织评估和提高其在数据管理领域的成熟度。通过定义关键过程域和关键过程，DMM 模型强调了数据管理过程的重要性，类似于软件工程中的 CMMI 模型。

> CMMI 研究所是一个独立的、全球性的组织，致力于推动组织在过程改进和能力提升方面的最佳实践。它管理和维护 CMMI 模型，这是一个用于评估和改进组织过程的框架。

数据管理成熟度模型是最为典型的数据能力评价方法。该模型由 CMMI 研究所于 2014 年推出，其设计沿用了能力成熟度集成模型（CMMI）的基本原则、结构和证明方法。数据管理成熟度模型将机构数据管理能力定义为 5 个不同的成熟度等级，并将机构数据管理工作抽象成 6 类关键过程域，共 25 个关键活动，如图 5-3 所示。

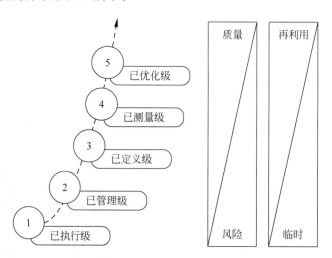

图 5-3　DMM 基本思路

5.2.1　关键过程域

> 关键过程和关键过程域是 CMMI 的核心术语。关键过程代表具体实施任务或实践，而关键过程域代表更广泛的领域，包括一组相关的关键过程，帮助组织在该领域内达到特定的成熟度或能力水平。

"关键过程"是一系列为达到某既定目标所需完成的实践，包括对应的工具、方法、资源和人。DMM 给出了组织机构数据管理所需的 25 个关键过程（key process，KP），并将其进一步聚类成 6 个关键过程域（key process area，KPA）：数据管理战略（data management strategy）、数据治理（data governance）、数据质量（data quality）、平台与架构（platform & architecture）、数据操作（data operation）和辅助性过程（supporting processes），如图 5-4 所示。

1. 数据战略

数据战略是组织机构科学管理其数据资源的重要前提，其需在统一的顶层设计和战略规划框架下进行。组织机构的数据管理以制定数据战略为起点。在 DMM 中，关键过程域"数据战略"包含数据战略制定、有效沟通、数据管理职责、业务个案和资金供给五个关键过程。

2. 数据治理

数据治理是确保数据战略顺利执行的必要手段，并被视为"数据管理的管理"。该关键过程域包含治理管理、业务术语表和元数据管理三个关键过程。

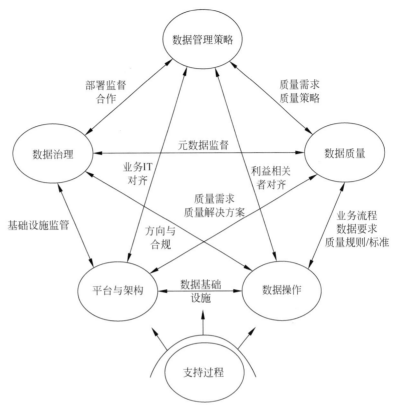

图 5-4 DMM 关键过程域

3. 数据质量

数据质量是组织机构数据管理的主要关注点。它关注输入数据和输出数据的质量，以满足当前业务需求与未来战略要求。该关键过程域包含数据质量策略、数据画像、数据质量评估和数据清洗四个关键过程。

4. 数据操作

数据操作展现了组织机构数据管理的具体形式，需明确组织机构数据操作的规范，并进行监督和优化。该关键过程域包含数据需求定义、数据生命周期管理和供方管理三个关键过程。

5. 平台与架构

平台与架构为数据战略的实现提供统一的架构设计和平台实现，是组织机构数据管理的必要条件。该关键过程域包含架构方法、架构标准、数据管理平台、数据集成以及历史数据、归档和保留五个关键过程。

6. 辅助性过程

辅助性过程虽非数据管理直接内容，但在数据管理工作中，尤其是在数据操作、平台和架构等关键过程域中，具有不可或缺的辅助性作用。该关键过程域包含测量与分析、过程管理、过程质量保障、风险管理和配置管理五个关键过程。

5.2.2 成熟度等级

数据管理成熟度模型（data management maturity，DMM）将组织机构的数据管理成熟度划分为五个等级，从低到高依次为：已执行级、已管理级、已定义级、已测量级、已优化级，并给出了每一层级的特征描述及其对数据重要性的基本认识，如图 5-5 所示。

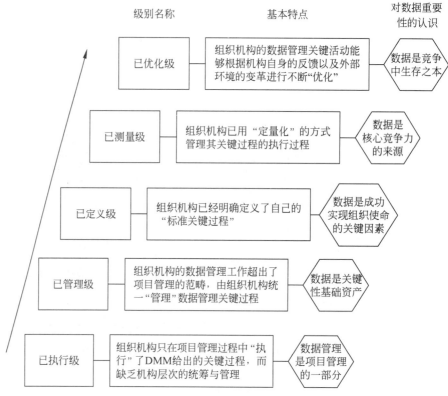

图 5-5　DMM 层级划分及描述

1. 已执行级

已执行级（performed level）指组织机构在个别项目范围内"执行"了 DMM 给出的关键过程，但缺乏机构层面的统筹与管理。主要特点包括：在具体项目中，DMM 关键过程域（KPA）的关键过程已被执行，但显示出较大的随意性和临时性；执行往往限于特定业务领域，缺乏跨业务领域的关键过程；缺乏对 DMM 关键过程的反馈与优化；可能进行了基础性改进，但未进行持续跟进，未拓展到整个组织机构；组织机构的数据管理活动局限于具体项目中。

2. 已管理级

已管理级（managed level）指组织机构的数据管理工作已超出项目管理范畴，由组织机构统一"管理"其数据管理关键过程。主要特点包括：关键过程的定义与执行符合组织机构数据战略的要求；组织机构聘用了数据管理专业人士，员工的数据利用与数据生产行为得到有效管理；关键过程已拓展至相关干系人；已对关键过程进行监督、控制和评估；数据已被视为关键性基础资产，并开始实施"管理"。

3. 已定义级

已定义级（defined level）指组织机构已明确定义了自己的"标准关键过程"。其主要特点包括：组织机构已给出关键过程的"标准定义"并进行定期改进；已提供关键过程的测量与预测方法；关键过程的执行过程经过了根据具体业务的"裁剪"工作；数据的重要性已成为组织机构层面的共识，被视为实现组织机构使命的关键因素之一。

4. 已测量级

已测量级（measured level）指组织机构已采用"定量化"的方式管理其关键过程的执行过程。主要特点包括：已构建关键过程矩阵；已定义变革管理的正式流程；已实现用定量化方式计算关键过程的质量和效率；关键过程的质量和效率管理涉及其全生命周期；数据被视为组织机构的核心竞争力的来源。

5. 已优化级

已优化级（optimized level）组织机构的数据管理关键活动能够根据自身反馈以及外部环境变革进行动态"优化"。主要特点包括：组织机构能够对其数据管理关键过程进行持续性拓展和创新；充分利用各种反馈信息，推动关键过程的优化与业务成长；与同行和整个产业共享最佳实践；数据被视为组织机构在变革的竞争市场环境中持续生存的基础。

5.2.3 成熟度评价

基于 DMM 模型的组织机构的数据管理能力成熟度水平的评价工作的实施可以借鉴 Carnegie Mellon 大学的软件工程研究所（software engineering institute，SEI）建议的 IDEAL 模型（见图 5-6）。

1. 初始化

在初始化（initiating）阶段，组织机构应为 DMM 的引入进行充分准备，明确组织机构为实现数据管理目标而需遵循的过程及其内在联系。

2. 诊断

诊断（diagnosing）阶段主要确定组织机构的数据管理过程成熟度等级。核心活动是识别组织机构的数据管理能力的当前状态和期望状态，并制定初步建议。

> IDEAL 模型是一种用于组织过程改进的参考模型，旨在帮助组织改进其软件工程和管理过程，以提高效率和质量。IDEAL 模型的五个阶段是初始化、诊断、建立、行动和学习改进。

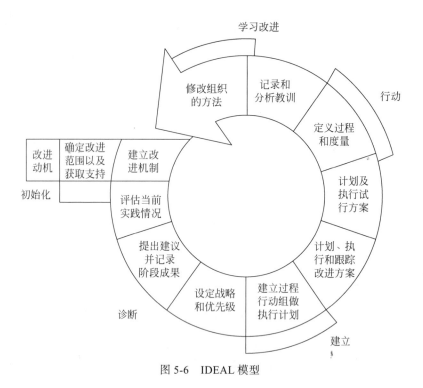

图 5-6　IDEAL 模型

3. 建立

建立（establishing）阶段将构建达成改进目标的具体步骤，主要活动包含确定数据管理改进活动的优先级，发展实施策略和制定行动计划。

4. 行动

行动（acting）阶段是实施在"建立"阶段中制定的计划的过程。关键活动包括构建和执行解决方案。

5. 学习改进

学习改进（learning）是提升数据管理能力的最终阶段，主要涉及分析数据管理过程改进的经验教训，采纳新的理论、方法和技术，从而提高组织的数据管理能力。

IDEAL 模型提供了一个结构化的方法，帮助组织机构引入和改进新的过程或方法，以提高其绩效和效率。在数据能力评估中，IDEAL 模型可以用于指导基于 DMM 模型的数据管理能力成熟度评价工作的实施，以确保评价和改进过程是有序和系统的。这有助于组织机构更好地理解其数据管理能力，并采取措施进行改进。

需要注意的是，能力成熟度评价的目的并不是给组织机构的数据管理现状进行"打分"，而在于"如何帮助组织机构改进其数据能力"。因此，数据能力的成熟度评价过程是一个螺旋式推进的过程，需要进行多轮的"评估—改进—评估"的工作。

5.3　数据治理

数据治理（data governance）可被理解为数据管理的管理（图 5-7），是确保数据管理顺利、有效和科学实施的关键过程。尽管数据管理和数据治理密切相关，但它们是两个不同的概念，数据管理关注通过管理数据来实现组织的业务目标，而数据治理则关注如何管理数据管理的过程以确保其有效性。

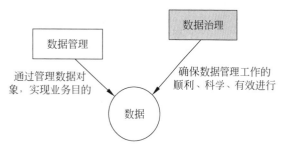

图 5-7　数据管理与数据治理的区别

5.3.1　主要内容

数据治理工作涉及数据管理工作的每一个环节，是一项全员参与的常规性工作，主要工作重点如下。

1. 理解数据

组织需全面了解其数据，包含数据的特性、类型、趋势、风险以及价值。此外，还需要包括数据的安全等级的划分和主数据管理的定义。

> **企业数据类型**
>
> IBM 提出的企业数据管理的范畴中企业数据的主要类型（见图 5-8）。
>
>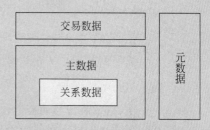
>
> 图 5-8　IBM 提出的企业数据管理的范畴
>
> （1）交易数据。交易数据用于记录业务事件，如客户的订单、投诉记录、客服申请等，往往用于描述在某一个时间点上在业务系统发生的行为。
>
> （2）主数据。主数据用于记录企业核心业务对象，如客户、产品、地址等，与交易流水信息不同，主数据一旦被记录到数据库中，需要经常对其进行维护，从而确保其时效性和准确性；主数据还包括关系数据，用以描述主数据之间的关系，如客户与产品的关系、产品与地域的关系、客户与客户的关系、产品与产品的关系等。
>
> （3）元数据。元数据用于记录数据的数据，用以描述数据类型、数据定义、约束、数据关系、数据所处的系统等信息。

2. 识别数据干系人

需要明确数据管理过程中的所有干系人，这包括数据的生成者、采集者、保护者、用户以及其他相关方。正确地识别数据干系人对于数据治理来说至关重要。

3. 设立数据部门

组织应该设立一个专门负责数据管理工作的部门，明确其职责，并保证与不同的数据干系人之间有有效的沟通渠道。

4. 制定行为规范

依据组织的各项业务需求，明确数据管理的详细规范，这包括文档模板、数据词典以及文档编写的要求。主数据管理、商务智能和数据洞察常常是这些规范的重要内容。

5. 确定数据管理方针和目标

组织应根据其数据战略，定期制定和更新数据管理的方针和目标，以确保数据管理的有效实施。

6. 定义岗位职责

明确数据管理过程中所有参与者的岗位职责，预防潜在风险，并设立责任追踪机制以及补救措施。

7. 制定应急预案与应急管理

这是数据治理的一个重要组成部分，需要明确各种可能出现的紧急事件及其应对策略。

8. 等级保护与分类管理

需要对数据、人员、技术和设备进行分类管理，并根据其安全性和保密需求进行等级保护。

9. 有效监督与动态优化

组织需要建立有效的监督机制，根据监督发现的问题和风险，持续优化数据管理工作。

数据治理的主要目标是确保组织的数据管理过程是有序、合规和高效的，以支持业务需求并保护数据的安全性和质量。这是数据管理成熟度模型（DMM）中的关键领域之一，对于组织的数据管理实践至关重要。

5.3.2 参考框架

DGI 认为数据治理是对数据相关的决策及数据使用权限控制的活动。它是一个信息处理过程中根据模型来执行的决策权和承担责任的系统，规定了谁可以在什么情况下对哪些信息做怎样的处理。图 5-9 给出了 DGI 数据治理

DGI（Data Governance Institute，数据治理研究所）是一个 2003 年成立的专业机构，早期专注于数据治理的研究和实践，并在数据治理领域具有广泛的影响力。该机构提出了一个名为"DGI 数据治理框架"（the DGI data governance framework）的框架，用于帮助组织分类、组织和管理复杂的企业数据。

框架。该框架是用于分类、组织和传递复杂企业数据的逻辑框架。数据治理任务通常有三部分。

1. 主动定义或序化规则

数据治理需要主动制定或规定数据管理和使用的规则、标准和政策，以确保数据的合法性、准确性和一致性。

2. 为数据利益相关者提供持续支持

数据治理需为数据的利益相关者提供持续的支持和服务，以满足他们的需求，并确保数据的价值得以最大化。

3. 跨界的保护和服务

数据治理需要跨越不同的领域和部门，来保护数据的安全性和完整性，并应对并解决因不遵守规则而产生的问题，确保数据的合规性和可信度。

DGI 数据治理框架

DGI 认为数据治理框架由以下十部分组成，如图 5-9 所示。

（1）任务与价值。数据治理项目的任务是通过提供产出，增加组织的价值，包括降低成本、减少复杂性、混乱和延迟、降低风险。

（2）数据治理的受益者。数据治理项目的受益者是组织的产品、服务、流程、能力和资产，通过产生影响这些方面的产出来提供价值。

（3）数据产品。数据治理项目通常生成或贡献资源，如数据目录/清单、带有数据定义的术语表和元数据，供业务和技术人员使用。

（4）控制措施。数据治理项目使用流程控制和自动化技术控制来管理风险，确保达到既定的目标。

（5）责任。数据治理项目可能需要定义相关的责任，以确保事务的顺利进行。

（6）决策权限。在制定任何数据相关规则或做出决策之前，必须解决与决策权限有关的问题。

（7）政策和规则。数据治理项目为高级别、自上而下的数据相关政策的制定做出贡献，还充当业务、法律/合规和技术团队之间的沟通桥梁。

（8）数据治理流程、工具和沟通。数据治理项目需要使用流程、工具和有效的沟通来确保产出的交付和价值的认可。

（9）数据治理工作计划。数据治理项目通常采用组合方法来组织工作，每个工作流程都有其自己的生命周期和关注点，以满足各个利益相关者的需求。

（10）参与者。数据治理项目的参与者通常包括数据治理办公室（DGO），其任务是支持和促进数据治理和数据管理活动，特别是在高影响决策方面。

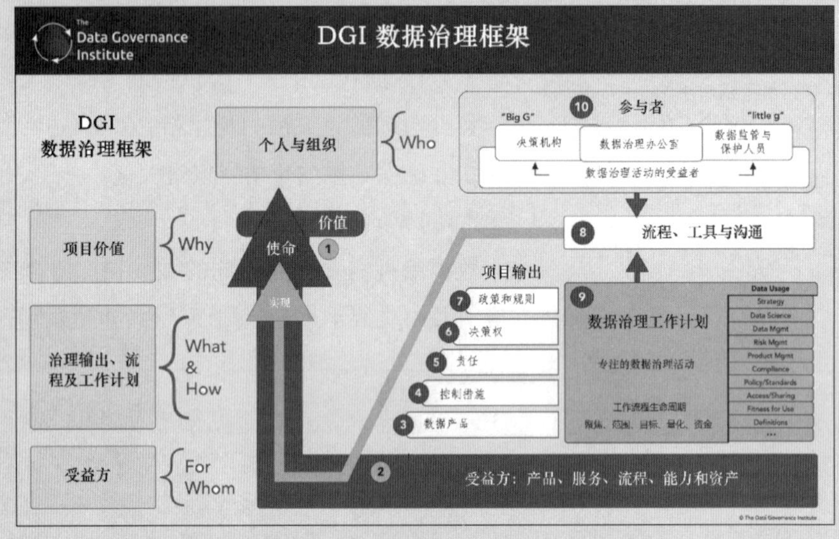

图 5-9　DGI 数据治理框架

5.4　数据科学平台

数据科学平台是指能够支持数据科学流水线的绝大部分活动的工具平台，其存在形式可以是面向数据科学家的专门性独立平台，也可以是面向数据科学家在内的多种数据相关工作岗位的通用性集成平台。目前，数据科学平台的定义方法有两种。

1. 专门平台

将数据科学平台作为一个独立的专门平台进行定义，认为数据科学平台是支持数据科项目生命期中的绝大部分活动的工具平台。例如，Dataiku 将数据科学平台定义为："数据科学平台是数据科学项目全生命期发生的结构，包含完成数据科学项目生命周期的每个阶段所需的工具和资源，汇集从开发到部署的整个数据科学生命周期中使用的人员、工具、资源以及其他必要产品"[1]。此类定义方法主要关注的是面向数据科学用户的数据科学工具平台。

2. 集成平台

将数据科学平台作为其他平台，尤其是机器学习和人工智能平台的重要组成部分的定义方法。例如，Gartner 报告中将数据科学和机器学习平台集成在一起讨论，并称之为数据科学与机器学习（data science and machine learning，DSML）平台。DSML 平台是核心产品及其集成的辅助产品、组件、库和框架（包括专有、合作伙伴来源和开源）的组合。此类平台的主要用户是数据科学专业人员，包括专业级数据科学家、非专业级数据科学家、数据工程师、应用程序开发人员和机器学习专家。

5.4.1 数据科学平台的类型

数据科学平台可以分为开源或商业平台、专业级或非专业级平台以及企业/大规模团队级或个人/小规模团队级平台等多种类型，如表5-1所示。

表 5-1 数据科学平台的分类

类　型	专业级（expert）	非专业级（citizen）
开源平台	（1）Altair （2）Amazon Web Services （3）Anaconda （4）Cloudera （5）Databricks （6）Domino （7）Google （8）TIBCO Software	（1）H2O.ai （2）IBM （3）KNIME （4）Microsoft （5）RapidMiner （6）Samsung SDS （7）SAS
商业平台	阿里云	（1）Alteryx （2）Dataiku* （3）DataRobot

注：带有 * 的平台提供个人/小规模团队级别的应用

1. 从开发与维护策略来看

数据科学平台主要分为开源产品和商业产品。例如，KNIME 提供了开源版本的 KNIME Analytics Platform 和商业版本的 KNIME Server，后者在前者的基础上提供了更多增值服务，如数据科学流程的自动化。目前，开源技术是数据科学平台的主要开发策略，结合商业化运营已成为未来发展的趋势。

2. 从目标用户定位来看

数据科学平台可以定位于专业级用户和非专业级用户。例如，Azure ML 提供了专业级的灵活 notebook 和 SDK 选项，并为非专业级用户提供了简便的机器学习和拖放式应用。未来，数据科学平台可能会更加分层化，提供专业级和非专业级的功能，并采取不同的价格和推广策略。

3. 从目标用户规模来看

数据科学平台主要服务于企业/大规模团队和个人/小规模团队。例如，SAS 的 VDMML 专注于提供企业级平台能力，而 Dataiku 的 DSS 则通过不同版本和定价来满足小团队的需求。企业/大规模团队级别的平台相对于个人/小规模团队级别来说，在研发上更为复杂和具有挑战性。

5.4.2 数据科学平台的评价

Gartner 采用五个选择标准,包括数据科学与机器学习平台、收入和增长、客户数目、市场牵引力以及产品性能,来对数据科学与机器学习平台供应商进行年度评估,并将它们划分到数据科学与机器学习平台魔力象限(magic quadrant of data science and machine learning platform)中,如图 5-10 所示。在这个魔力象限中,横坐标代表愿景的完备性(completeness of vision),而纵坐标则表示执行能力(ability to execute)。

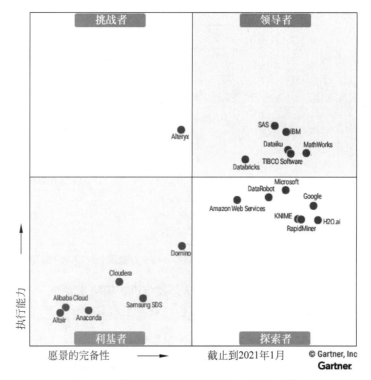

图 5-10　数据科学及机器学习平台的魔术象限

以 2021 年为例,该魔术象限将数据科学平台分为领导者(leaders)、挑战者(challengers)、探索者(visionaries)和利基者(niche players)四个象限,如表 5-2 所示。

表 5-2　数据科学及机器学习平台的魔术象限

年份	报告名称	领导者	挑战者	探索者	利基者
2021	Magic Quadrant for Data Science and Machine Learning Platforms	(1) SAS (2) IBM (3) Dataiku (4) MathWorks (5) TIBCO Software (6) Databricks	Alteryx	(1) Microsoft (2) DataRobot (3) Google (4) Amazon Web Services (5) KNIME (6) RapidMiner (7) H2O.ai	(1) Domino (2) Cloudera (3) Samsung SDS (4) 阿里云 (5) Anaconda (6) Altair

续表

年份	报告名称	领导者	挑战者	探索者	利基者
2020	Magic Quadrant for Data Science and Machine Learning Platforms	(1) SAS (2) Alteryx (3) Dataiku (4) MathWorks (5) TIBCO Software (6) Databricks	IBM	(1) Microsoft (2) DataRobot (3) Google (4) Domino (5) KNIME (6) RapidMiner (7) H2O.ai	(1) Anaconda (2) Altair
2019	Magic Quadrant for Data Science and Machine Learning Platforms	(1) SAS (2) RapidMiner (3) KNIME (4) TIBCO Software	(1) Dataiku (2) Alteryx	(1) Microsoft (2) DataRobot (3) Google (4) IBM (5) Databricks (6) H2O.ai (7) MathWorks	(1) Anaconda (2) SAP (3) Datawatch (4) Domino
2018	Magic Quadrant for Data Science and Machine-Learning Platforms	(1) Alteryx (2) SAS (3) RapidMiner (4) KNIME (5) H2O.ai	(1) TIBCO Software (2) MathWorks	(1) Domino (2) IBM (3) Microsoft (4) Databricks (5) Dataiku	(1) Anaconda (2) SAP (3) Angoss (4) Teradata
2017	Magic Quadrant for Data Science Platforms	(1) IBM (2) KNIME (3) RapidMiner (4) SAS	(1) Alteryx (2) Angoss (3) MathWorks (4) Quest	(1) Alpine Data (2) Dataiku (3) Domino Data Lab (4) H2O.ai (5) Microsoft	(1) FICO (2) SAP (3) Teradata
2016	Magic Quadrant for Advanced Analytics Platforms	(1) Dell (2) IBM (3) KNIME (4) RapidMiner (5) SAS	(1) Angoss (2) SAP	(1) Alpine Data (2) Alteryx (3) Microsoft (4) Predixion Software	(1) Accenture (2) FICO (3) Lavastorm (4) Megaputer (5) Prognoz
2015	Magic Quadrant for Advanced Analytics Platforms	(1) IBM (2) KNIME (3) RapidMiner (4) SAS	(1) Dell (2) SAP	(1) Alpine Data Labs (2) Alteryx (3) Miscrosoft	(1) Angoss (2) FICO (3) Predixion (4) Prognoz (5) Revolution Analytics (6) Salford Systems (7) Tibco Software

1. 领导者

特点：领导者在市场上占据主导地位，具有强烈的创新力和明确的愿景，能够为客户提供清晰的方向。他们通常具有广泛的客户基础，并在思想领导力方面表现优秀。

举例：2021年，SAS、IBM、Dataiku、MathWorks、TIBCO Software 和 Databricks 被认为是此类别的领导者。

2. 挑战者

特点：挑战者具有强大的产品实力和稳固的客户关系，但他们在方向和愿景的明确性方面还有待提高。

举例：2021 年，Alteryx 被视为该类别的唯一挑战者。

3. 探索者

特点：探索者拥有清晰的愿景和坚实的支持路线图，但他们在产品完整性和广度方面仍需加强。

举例：2021 年，Microsoft、DataRobot、Google、Amazon Web Services、KNIME、RapidMiner 和 H2O.ai 被归类为探索者。

4. 利基者

特点：利基者在特定的行业或细分市场中占有优势，在市场执行能力方面需要进一步加强，并拥有一定程度的远见和愿景。

举例：2021 年，Domino、Cloudera、Samsung SDS、阿里云、Anaconda 和 Altair 被认为是利基者。

5.5 数据科学的产业

数据科学的产业是指与数据相关的各种商业活动和经济领域，它涵盖了数据的收集、处理、分析、应用和商业化等多方面。数据科学产业是大数据生态系统的一部分，它依赖于大数据的采集、存储和处理能力，同时也为大数据提供了应用场景。大数据生态系统提供了数据科学产业所需的基础设施和工具，支持数据科学家和分析师从海量数据中提取价值信息。因此，数据科学产业与大数据生态系统相互关联，共同推动了数据驱动决策和创新的发展。图 5-11 展示了 IDC 提供的大数据生态系统示意图，揭示了一个将数据转化为决策作为主要目标的复杂生态系统。该生态系统包括以下关键要素。

1. 数据生产

数据生产涉及由数据生产方负责的数据生成过程，主要包含机器与传感器、事务与使用日志、关系与社会影响力、移动 APP 数据、邮件与短信以及地理位置这六种数据类型。

2. 数据采集

由数据架构师和数据工程师负责，数据采集采用系统集成方法从各个数据生产方搜集不同类别的数据。此过程涵盖了数据的访问、获取、组织和存储，并常常应用如 Hadoop 和云平台、融合基础设施、高速/弹性网络、无共享可扩展存储 + 固态硬盘（solid state drive，SSD）、大规模并行处理（massively parallel processing，MPP）+ 内存计算等技术。

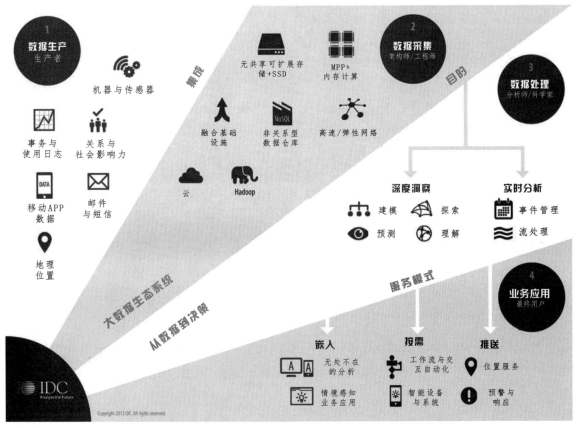

图 5-11 大数据生态系统

3. 数据处理

数据处理由数据分析师或数据科学家负责,并在数据采集完成后立即开始。在大数据生态系统中,数据处理有两个关键目标:深度洞察和实时分析。

4. 业务应用

业务应用由最终用户进行,利用数据执行各种业务活动。这些应用可以被分类为嵌入、按需和推送等不同形式。

这一生态系统的构成反映了大数据领域的复杂性,各个要素之间相互关联,共同推动了数据在企业决策和应用中的重要性。

结　语

本章深入探讨了数据科学领域的关键概念,包括数据产品、数据能力、数据治理、数据科学平台和数据科学产业。当今时代,数据科学已经成为组织和企业取得成功所必需的核心能力之一。通过数据产品的开发和管理,组织可以更好地满足客户需求,提高竞争力。数据能力的建设则使组织能够更好地利用数据来支持决策和创新。数据治理确保数据的质量、安全和合规性，是数据科学工作的基石。数据科学平台提供了工具和资源，支持数据科学家在数据分析和建模方面的工作。数据科学产业的发展趋势表明，开源技术将继续推动创新，为数据科学带来更多机遇和挑战。

继续学习的几点建议

（1）深入研究数据产品开发。学习者可以进一步深入研究数据产品的开发方法和最佳实践，以满足不同行业和领域的需求。

（2）持续提升数据能力。不断学习和掌握数据处理、分析和建模的最新技术和方法，以更有效地利用数据支持决策和创新。

（3）关注数据治理实践。深入了解数据治理的原则和实践，确保数据的质量、安全和合规性，以保障组织的数据资产。

（4）熟悉数据科学平台。研究不同类型的数据科学平台，了解它们的功能和适用场景，以选择最适合组织需求的平台。

（5）跟踪数据科学产业发展。密切关注数据科学产业的发展趋势，特别是开源技术的影响和创新方向，以把握未来的机遇和挑战。

习题

一、选择题

1. 数据产品的主要目标是什么？

　　A. 增加数据的复杂性　　　　　　　　B. 提高数据的安全性

　　C. 满足组织和客户需求　　　　　　　D. 减少数据的价值

答案：C。

解析：数据产品的主要目标是满足组织和客户的需求，提供有价值的数据服务。

2. 数据治理的主要目标是什么？

　　A. 提高数据的复杂性　　　　　　　　B. 管理数据的生命周期

　　C. 增加数据的数量　　　　　　　　　D. 减少数据的可访问性

答案：B。

解析：数据治理的主要目标是管理数据的生命周期，确保数据的质量、安全和合规性。

3. 数据科学平台的存在形式可以是什么？

　　A. 专门性独立平台　　　　　　　　　B. 通用性集成平台

　　C. 专门性独立平台和通用性集成平台　　D. 仅限云平台

答案：C。

解析：数据科学平台可以是专门性独立平台或通用性集成平台，也可以同时具备两者的特点。

4. 开源技术在数据科学平台领域的作用是什么？

　　A. 减少创新机会　　　　　　　　　　B. 增加成本

　　C. 推动创新和降低门槛　　　　　　　D. 削弱数据科学的重要性

答案：C。

解析：开源技术推动了数据科学领域的创新，降低了入门门槛，增加了灵活性。

5. 数据科学平台的目标用户包括什么？

　　A. 专业级数据科学家　　　　　　　　B. 机器学习专家

　　C. 嵌入式应用开发人员　　　　　　　D. 所有以上选项

答案：D。

解析：数据科学平台的目标用户包括专业级数据科学家、机器学习专家和应用开发人员等。

6. 企业／大规模团队级别的数据科学平台主要关注什么？

　　A. 个人数据分析　　　　　　　　　　B. 大规模数据处理和团队协作

　　C. 小规模团队协作　　　　　　　　　D. 私人数据存储

答案：B。

解析：企业／大规模团队级别的数据科学平台主要关注大规模数据处理和团队协作。

7. 数据科学平台通常用于什么？

　　A. 数据的生产　　　　　　　　　　　B. 数据的采集

　　C. 数据的处理和分析　　　　　　　　D. 数据的存储和传输

答案：C。

解析：数据科学平台通常用于数据的处理和分析，支持数据科学家的工作。

8. Gartner 数据科学及机器学习平台魔力象限中的横坐标表示什么？

　　A. 完备性　　　B. 执行能力　　　C. 愿景　　　D. 能力

答案：A。

解析：数据科学及机器学习平台魔力象限中的横坐标表示愿景的完备性。

9. 大数据生态系统的主要要素包括什么？
   A. 数据生产、数据采集、数据处理、业务应用
   B. 数据存储、数据传输、数据销毁、数据分析
   C. 数据治理、数据科学平台、数据产品、数据能力
   D. 所有以上选项

答案：A。

解析：大数据生态系统的主要要素包括数据生产、数据采集、数据处理和业务应用。

10. 下列哪项不是数据科学产业的特征是什么？
    A. 开源技术的普及　　　　　　　　B. 不断创新的趋势
    C. 对数据质量的忽视　　　　　　　D. 与大数据生态系统的联系

答案：C。

解析：数据科学产业的特征包括开源技术的普及、不断创新的趋势以及与大数据生态系统的联系。

11. 数据科学产业的发展趋势之一是什么？
    A. 对数据治理的忽视　　　　　　　B. 基于封闭技术的发展
    C. 开源技术的影响　　　　　　　　D. 单一平台的垄断

答案：C。

解析：数据科学产业的发展趋势之一是开源技术的影响。

12. 数据科学及机器学习平台魔力象限中的纵坐标表示什么？
    A. 完备性　　　B. 执行能力　　　C. 愿景　　　D. 能力

答案：B。

解析：数据科学及机器学习平台魔力象限中的纵坐标表示执行能力。

二、简答题

1. 数据科学平台的两种主要类型是什么，它们之间的区别是什么？

回答要点：

主要类型为专门平台和集成平台。专门平台是独立的数据科学工具平台，而集成平台通常是其他平台的一部分，如机器学习和人工智能平台。专门平台主要面向数据科学用户，而集成平台更广泛地支持数据相关工作岗位。专门平台关注数据科学项目的全生命周期，而集成平台是其他平台的组成部分。

2. 数据科学平台通常包括哪些核心组件，以支持数据科学项目的整个生命周期？

回答要点：

核心组件包括数据产品、数据能力、数据治理、数据科学平台和数据科学产业。

3. 数据治理的主要任务是什么，它对组织的数据管理有何重要性？

回答要点：

主要任务为确保数据管理的顺利、有效和科学的完成。数据治理确保数据管理符合组织的数据战略，降低数据管理的风险，提高数据管理的效率和质量。

4. 大数据生态系统包括哪些要素，以实现数据转化为决策的目标？

回答要点：

包括数据生产、数据采集、数据处理和业务应用等要素。

5. 数据科学产业的未来发展趋势是什么，为什么开源技术在其中扮演重要角色？

回答要点：

未来发展趋势包括开源技术的普及、数据科学平台功能分层和面向不同规模的用户。开源技术重要是因为它提供了灵活性、降低了成本、推动了创新，并促进了数据科学平台的发展。

6. Gartner 如何评估数据科学与机器学习平台供应商，采用哪些选择标准？

回答要点：

Gartner 评估标准包括数据科学与机器学习平台、收入和增长、客户数目、市场牵引力以及产品性能。

7. 在 Gartner 的数据科学与机器学习平台魔力象限中，横坐标和纵坐标分别代表什么？

回答要点：

横坐标表示愿景的完备性，纵坐标表示执行能力。

8. 为什么数据科学平台的功能分层成为未来发展趋势？这对不同类型的用户有何影响？

回答要点：

功能分层成为趋势是因为它允许平台同时满足专业级和非专业级用户的需求，采取不同的价格和推广策略。这对不同类型的用户意味着更多的选择，更适合他们的需求，促进了数据科学平台的广泛应用。

第 6 章　数据科学的人才与职业

> 千军易得，一将难求。
>
> ——摘自《西汉演义·第十一回》

1. 学习目的

本章旨在帮助学习者全方位理解数据科学家所需具备的技术技能和软性能力。通过对本章内容的学习，学习者将能够深入了解数据科学家的核心职责、所需的专业技能与综合能力，并能够有针对性地加强相关能力的培养和提升，为成为一名优秀的数据科学家打下坚实的基础。

2. 内容提要

本章内容细致分析了数据科学家所需的关键技能和能力。主要包括：

专业技能与知识。涵盖数据科学相关的编程语言、统计学与机器学习、大数据处理技术等。

通用能力。深入探讨了沟通与合作、批判性思维与创造性、问题解决能力等关键通用能力。

职业素养。重点介绍了数据科学家所需具备的职业态度和精神，例如注重细节、自学能力和抗压能力等。

职业发展。对数据科学家的职业道路和发展方向进行了综合性的讨论。

3. 学习重点

深入掌握专业技能。例如编程、统计学与机器学习、大数据处理等是数据科学家的基础，要注重理论与实践相结合。

提高通用能力。特别是沟通与合作能力和问题解决能力，这将直接影响数据科学家在团队中的工作效果和成果转化。

培养职业素养。自学能力、注重细节和抗压能力是数据科学家成功的关键。

了解职业发展路径。明确自己的职业定位和发展方向，有助于更有效地规划个人职业生涯。

4. 学习难点

技能的综合运用。如何将所学的多项技能有效结合并应用于实际问题中。

沟通与表达。如何将复杂的数据科学概念和结果清晰、准确地传达给非专业人士。

持续学习与动力维持。在一个不断更新发展的领域中，如何保持学习的热情与动力，持续吸收新知识。

职业发展规划。了解各种可能的职业路径并做出明智的职业选择和规划。

6.1 数据职业的主要类型

依据用人单位的岗位需求,数据科学领域涵盖了众多职业路径,例如数据科学家(data scientist)、数据分析师(data analyst)、数据工程师(data engineer)、业务分析师(business analyst)、数据库管理员(database administrator)、统计师(statistician)、数据架构师(data architect)及数据与分析管理员(data and analytics manager)等。图 6-1 呈现了 DataCamp 进行的一项调查,展示了大数据相关的各类职位及其收入数据。

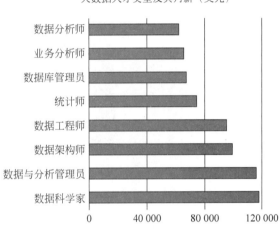

图 6-1 数据科学领域相关的岗位及其收入

(资料来源:DataCamp)

然而,从人才发展与培养的视角来看,数据科学学习过程中应重视三个主要方向的发展:数据科学家、数据工程师和数据分析师。其中,数据科学家是随着大数据时代的到来而诞生的新型人才,需要深入学习和理解该岗位的职责和能力需求。值得注意的是,数据工程师和数据分析师虽然并非大数据时代才出现,但其能力标准和职责也在经历变革。

1. 数据科学家

数据科学家主要负责将"现实世界中的问题"转化或映射为"数据世界中的问题",并采用数据科学的理念、原则、理论、方法、技术和工具,通过转化大数据以生成知识和智慧,为解决"现实世界中的问题"提供直接的指导、依据或参考。通常,数据科学家的主要工作包括以下十方面。

(1)制定数据策略。

(2)研发数据产品。

(3)构建数据生态系统。

(4)设计与评估数据工程师工作。

(5)提出基于数据的有深度的问题。

> 数据科学家的称谓中虽然包含"科学家"一词,但这并不意味着他们是传统意义上从事基础科学研究的科学家。传统的科学家通常侧重于进行基础研究,探索自然界的未解之谜,而数据科学家更多地运用科学方法来解析数据,以解决实际问题和支持决策制定。

涉及数据的收集、存储、管理、共享、分析和利用，旨在支持组织的业务目标和战略。数据策略通常会考虑数据的整体生命周期，从数据的生成或获取，到最终的存档或销毁。

（6）定义和验证研究假设，负责研究设计，并执行相应实验。

（7）进行探索性数据分析。

（8）完成数据规整化处理。

（9）实现数据洞察。

（10）数据可视化或故事化描述。

贝尔实验室招聘信息

招聘单位：Bell Labs，Alcatel-Lucent

办公地点：Murray Hill，NJ

单位网站：www.bell-labs.com

招聘岗位名称：数据科学家

招聘岗位任务：

解决富有挑战性的问题，并研发分析型产品；

设计并实现适用于大规模数据处理的、高效、高精度的算法；

进行面向问题解决的原创性研究；

参与研究工作的全生命期，包括数据收集、大数据系统、数据预处理和数据后处理；

作为团队成员，与不同学科背景的同事一起合作。

应聘者能力要求：

计算机科学、统计学或相关专业的博士，应参加过机器学习和数据挖掘方面的培训；

在统计理论方面有较深的理论功底；

熟悉统计学与机器学习领域的传统工具和新兴工具；

优先考虑在大规模数据分析方面有经验者；

在具有影响深远的原创性研究方面有很大潜力；

具备团队精神、广泛的技术和应用领域的兴趣、较强的沟通技巧。

---

2. 数据工程师

数据工程师与数据科学家的区别主要体现在关注点上。数据工程师主要关注数据本身的管理；而数据科学家则更着重于基于数据的决策管理。在大数据时代，数据工程师的主要工作包括以下六方面。

（1）数据保障。根据组织的大数据策略，保障数据的安全、可用和可信，确保组织的决策制定和业务活动的连续性与可持续性。

（2）数据备份与恢复。依据组织的业务和战略需求，制定大数据的备份和恢复策略以及应急预案，并按照相关规定和计划，执行数据的备份与恢复操作。

（3）数据的 ETL 操作。根据数据科学家和数据分析师的需求，进行大数据的抽取、转换和加载。

（4）主数据管理与数据集成。识别并管理组织的主数据，并依据实际需求和大数据策略对多源异构数据进行集成。

（5）数据接口及访问策略的设计。基于业务和战略需求，为组织内外用户设计大数据接口及其访问策略。

（6）数据库/数据仓库/数据湖/数据经纬的设计、实现与维护。包括组织业务数据库和历史数据仓库、数据湖以及数据经纬的设计、实现和维护。

3. 数据分析师

数据分析师与数据科学家和数据工程师相比，其能力要求如图 6-2 所示。例如，专门分析金融数据的分析师除了要掌握基础的统计学和计算机知识外，还需要具备深厚的金融学和相关领域的知识与经验。在大数据时代，数据分析师主要有三方面工作。

（1）数据准备。数据准备包括大数据特征工程、ETL 转换、数据规整化、数据清洗和其他数据预处理操作。

（2）数据分析执行。数据分析执行涵盖大数据的实验设计、模型/算法的选择、优化、实现和应用，以及大数据分析的信度和效度评估。

（3）分析结果呈现。分析结果呈现包括大数据分析结果的可视化和故事化呈现。

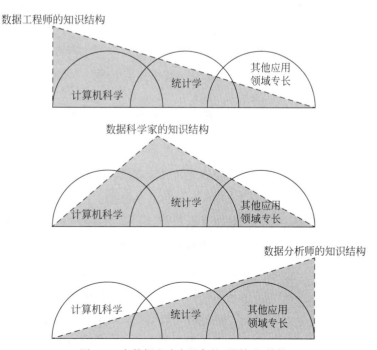

图 6-2　大数据人才应具备的不同知识结构

值得注意的是，数据科学家、数据工程师和数据分析师在实际工作中的角色并非严格独立，而是有交叉和重叠。因此，在数据科学项目中，这些不同人才之间的有效沟通和协作协同成为至关重要的一环。

从知识和经验的角度，各类型数据科学人才应具备的知识结构如图1-15所示。

数据工程师：计算机科学 > 统计学 > 其他行业专长。

数据科学家：统计学 > 计算机科学 > 其他行业专长。

数据分析师：其他行业专长 > 统计学 > 计算机科学。

> 此处，符号">"代表"更重要于""更擅长于""更专注于"。

6.2 数据科学家的岗位职责

数据科学家的主要工作内容如下。

6.2.1 以数据为中心的解决方案的提出

提出以数据为中心的解决方案是数据科学家的主要岗位职责之一。米巴赫工程科技有限公司要求"（数据科学家）根据各类业务情况，提供以数据为驱动的解决方案"；蚂蚁集团要求"（数据科学家要有）非常好的产品和业务感觉，能够很好地把产品和业务问题转化成分析问题，同时也能够很好地把分析的结果转化成产品和业务决策"。

将业务问题转化为数据问题是提出以数据为中心的解决方案的前提。因此，从业务问题到数据问题的转化也是很多用人单位数据科学家岗位的主要职责之一。上海氪信信息技术有限公司要求"（数据科学家）负责项目的需求调研，了解业务逻辑，进行数据分析，从而把需要解决的业务问题转化为机器学习/数据挖掘问题"。

6.2.2 从海量数据中发现有价值的洞察

如何从大数据，尤其是海量数据中发现有价值的信息是用人单位关注的重要问题。比较有代表性的有：Omnicom Media 集团的数据科学岗位工作要求中明确提出"从数据中获得洞察，并通过演示和文档将这些见解传达给非技术受众"。Soomgo 公司提出"（数据科学家负责）分析业务范围内的数据以得出见解并验证假设"；北京中油瑞飞信息技术有限责任公司发布的招聘公告中，将"运用数据挖掘或统计建模的方法，从数据中发现有用信息，解决实际问题"明确列为数据科学家的岗位职责之一。

从海量数据中发现有价值的信息需要数据科学家具备较强的数据洞察能力。数据洞察（data insights）是指从海量数据中快速发现自己所需要的有价值信息，并将其转换为行动的能力，如图 6-3 所示。例如，在 HAYS 公司的招聘信息中，明确提出数据科学家需要"识别要收集的数据集并推动数据发现"。在数据洞察中，除了数据敏锐直觉和领域经验的积累外，运用数据分析与建模、数据挖掘与知识发现等手段识别潜在的隐藏模式，并将其转换为智慧和行动的能力尤为重要。以德国 Wirecard-Aschheim 给出的岗位职责为例，数据科学家需要"利用数据科学和分析专业知识来探索和检查数据，以发现模式和以前隐藏的业务见解"。

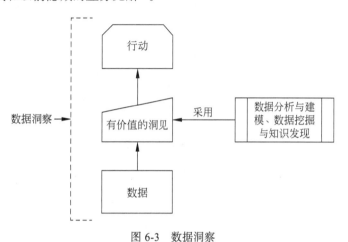

图 6-3　数据洞察

6.2.3　面向具体业务的算法/模型研发

在实际工作中，算法/模型的应用、评估、优化及研发是数据科学家的核心工作任务，主要涉及两方面的工作：一是决策模型或业务分析模型的训练、评估和优化。TechSkills Accelerator 要求"（数据科学家应）根据公司要求开发新的算法和统计模型"；字节跳动公司要求"（数据科学家需要）负责建立和管理游戏项目管理中的核心决策模型，包括但不限于各品类游戏的留存率、收入、生命期价值（lifetime value，LTV）预测模型，市场渠道成本和收入模型，项目评级模型等"。二是算法设计、优化与调参。MasterCard 公司要求"（数据科学家需要）使用各种基于数据科学的技术来开发新算法，以优化现有和开发新的金融犯罪分析产品"。Firesoft People 要求"（数据科学家负责）开发和维护最先进的高级统计和机器学习模型（如广义线性模型、随机森林、GBM、XGBoost 等），以驱动营销策略和战术执行"。

面向具体业务的算法/模型研发不仅要求数据科学家具备较强的机器学习和统计学的知识基础，而且还需要具备一定的动手实践操作能力。具体而言，面向具体业务的算法/模型研发工作包括：特征选择与数据准备，算法的选择与超参设置，模型的训练、评估与优化，预测结果的解释等。

> 生命期价值（LTV）是一种重要的商业指标，表示一个客户在其整个客户生命周期内预计为公司带来的净利润总值。它是通过考虑客户的平均交易价值、购买频率、客户生命周期、利润率以及留存率来估算的。该指标能帮助公司更好地理解客户价值、指导营销策略、优化资源分配，并改进产品和服务。

6.2.4 假设检验与试验设计

假设检验是数据科学家的主要岗位职责之一。例如，Warner Bros 集团要求"（数据科学家负责）设计多变量测试以检验、调整和测量自己的假设"。Amazon.com Services LLC 要求"（数据科学家）检验多重假设"。

与其他专业人才不同的是，数据科学家所提出的假设是基于数据的，侧重于提出数据密集型问题。与计算密集型不同的是，数据密集型问题的主要挑战来自数据，而不是计算。计算机科学家关注的是计算密集型问题，而数据科学家的主要职责为解决数据密集型问题。假设检验的重点在于将科学研究方法应用到实际问题解决之中，通常需要进行数据试验设计。例如，微软公司要求"数据科学家应具有 5 年以上的试验设计（design of experiment，DoE）经验，将科学方法应用于业务问题和假设检验的经验"。

6.2.5 数据治理与数据质量控制

数据治理是数据科学家的主要岗位职责之一。例如，腾讯公司明确提出"（数据科学家需要）推动数据治理，倡导和共建数据支持、数据驱动业务发展的文化"。Alberta 汽车协会要求"（数据科学家负责）数据治理，包括在分析、模型开发和部署中利用版本控制"。Bupa 公司要求"（数据科学家负责）支持模型的实施、监控和治理"。

数据质量的控制和审计是数据治理的重要工作内容。CGI 要求"（数据科学家）将参与处理、清洗和验证用于分析的数据的完整性，创建自动异常检测系统，跟踪性能并根据需要执行其他即时分析"。Koch Industries 要求"（数据科学家负责）处理、清洗和验证用于分析的数据的完整性"。

6.2.6 数据产品的研发及基于数据的传统产品的创新

与软件产品开发在计算机科学领域的重要地位类似，数据产品的研发是数据科学家对用人单位的主要贡献之一。因此，用人单位期待数据科学家进行数据产品研发。数据产品研发有两种，如图 6-4 所示。

（1）基于数据的新产品和服务的研发，包括以数据为中心设计的新产品与服务，如数据（data）、信息（information）、知识（knowledge）、理解（understandings）和智慧（wisdom）类产品，其中理解类产品有很多种，如模型和算法的解释以及预测解决的解读等。腾讯公司明确提出"（数据科学家的基本职责之一是）主导数据产品的开发，包含数据仓库的建立、数据的挖掘、清洗以及建立智能决策引擎"。再如，Prosearch Partners Pty Ltd 公司要求"（数据科学家）构建从概念验证到生产的数据科学产品"。

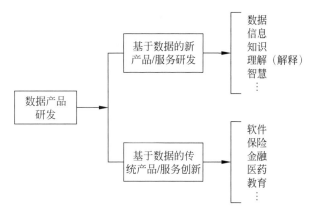

图 6-4 数据产品研发的类型

（2）基于数据的传统产品和服务的创新，如将数据思维应用于软件、保险、金融、医药、教育等具体业务领域，进而实现传统产品和服务的创新。例如，Roche 公司要求"（数据科学家利用自己专业特长）识别、推荐和开展医疗保健和 PHC 的推进方法，进而改善患者护理活动及其效果"。SmartNews 公司要求"（数据科学家）与产品经理、工程师等紧密合作，以确保将数据见解实际转化为具体的产品改进或行动"。

6.2.7 数据全流程的参与

数据科学家在必要时需要参与数据全流程处理。除了 6.2.1~6.2.6 节主要活动之外，数据科学家还可能需要负责完成以下活动。

（1）数据准备，尤其是数据源的识别与 ETL（抽取、转换和加载）。例如，巴克莱银行的招聘信息中要求"（数据科学家负责）与业务、技术和控制组一起定义/完善范围、数据源、统计元素、系统集成等工作"，收集业务/功能要求并为 ETL 团队制定技术规范"。

（2）数据分析工具选择。例如，Babcock 要求"（数据科学家负责）定义、定制、实施、评估、测量、自动化和改进方法和工具，确保方法和工具在整个组织中得到有效使用"。

（3）数据呈现，尤其是数据可视化和故事化呈现。如 StreetLight Data 的数据科学家招聘信息中明确给出，"（数据科学家需要）创建可视化和仪表板（dashboard）以及用数据讲故事"。

（4）结果解读与模型解释。如 AstraZeneca 公司要求"（数据科学家）为机器学习模型的开发、解释和应用提供专业支持"。

6.2.8 跨部门和跨领域合作

跨部门和跨领域合作是数据科学家的岗位职责的一个重要特点。在实际工作中，数据科学项目并非脱离于业务独立存在，而是依附在具体业务项目之中。因此，数据科学家的工作通常需要与来自不同部门和不同领域的利益相关者和专家合作。具体而言，可以分为两大类型：

（1）与来自企业内外部的利益相关者合作，而这些利益相关者往往并非业务专家。例如，TechSkills Accelerator 公司的招聘信息中将"与内部和外部的所有利益相关者合作"明确列在数据科学家的工作职责范围之中。

（2）与不同领域的业务专家团队合作。例如，亚马逊韩国（Amazon Web Services Korea LLC）发布的数据科学家招聘信息中，数据科学家的主要角色与责任之一是"与解决方案架构师、销售、业务开发和 AI 服务团队合作，以加速客户采用和提高收入"。

除此之外，部分企业还要求数据科学家具备与学术界有效合作的能力。例如，麦肯锡公司的招聘公告中要求"（数据科学家）与学术界建立并保持牢固的联系，并不断分享想法，在最新方法上保持领先"。AstraZeneca 公司则要求"（数据科学家）通过例如同行评审的出版物、在会议上的演讲等，在公司内外推进计算安全的科学研究"。

6.3 数据科学家的能力要求

6.3.1 与数据科学直接相关的知识和技能

与数据科学专业相关的知识和技能指所涉及的知识和技能只有在数据科学及其相关专业（如计算机科学与技术、统计学等）中重点学习，而其他非相关专业中不学习或不要求深入学习和掌握的知识与技能。从调查结果看，数据科学家必须掌握数据科学及相关专业中的如下知识和技能（按出现频次从高到低排序）。

（1）SQL 编程是数据科学家岗位能力要求中最为常见的知识和技能要求。

（2）Python、R 或 SAS 等数据科学语言。

（3）Hadoop，尤其是 Hadoop MapReduce、HBase 和 Hive。

（4）Spark 或 Storm。

（5）可视化方法及基于 Tableau、PowerBI 和 QlikView 的可视化分析。

（6）数据的 ETL（抽取、转换、加载）处理。

（7）数据仓库、数据湖和 BI（Business Intelligence，商务智能）技术。

（8）统计学与机器学习（含深度学习），尤其是预测和时间序列分析（指数平滑、ARIMA）、回归（线性和非线性：GLM、SEM、贝叶斯等）、分类（随机森林、SVM、KNN、神经网络）、优化/模拟和聚类（k 均值、DBSCAN 等）和异常检测（长短期存储网络、一类 SVM 等）。此外，还要求掌握 scikit-learn、TensorFlow、Keras、PyTorch 和 PySpark 等常用包的熟练调用。

（9）自然语言处理及文本分析法，如文本聚类、LSTM、SVM、关联分析、神经网络、朴素贝叶斯、TF-IDF 和 SVD 等。

（10）机器视觉，如 OpenCV 编程。

除了上述知识和技能之外，还有 A/B 测试、试验设计、探索型数据分析、Lambda 架构、Git、MATLAB、Java、C++、Scala。

6.3.2 与数据科学无直接相关的能力要求

除了上述与数据科学专业相关的知识和技能外，数据科学家的招聘信息中还经常提到如下几种能力。

1. 沟通与合作能力

沟通与合作能力是数据科学家的重要素质，包括以下几方面：一是与非技术类受众，尤其是领导层和客户群体的沟通能力，能够通过演示和文档将复杂的数据分析结果传达给非技术人员；二是与媒体和客户打交道的能力，特别是在营销类数据科学家需要与客户和媒体紧密合作；三是即时报告能力，即根据用户需求和数据分析结果的变化，能够提供动态有效的描述与解释；四是与来自企业内外的利益相关者有效沟通的能力，特别是在跨学科和跨文化团队中合作提出数据科学解决方案的能力。此外，一些招聘信息还特别强调了数据科学家与学术界之间的团队合作能力。

2. 解决问题能力

数据科学家需要具备解决问题的能力，包括采用工程化方法，基于可用的数据提出问题解决方案的能力。数据科学家的问题解决能力强调的是提出解决方案和决策支持的能力，而不仅仅是执行能力。

3. 数据科学家的 3C 精神

数据科学家需要具备创造性（creative）、批判性思考（critical）和好奇心（curious）的 3C 精神。这包括对数据问题的热爱和天生的才华。

4. 自学能力

自学能力在数据科学岗位中非常重要，因为数据科学的知识体系不断演进。数据科学家需要及时学习最新知识，不断更新和完善自己的专业知识体系。此外，数据科学家还需要结合业务需求不断学习特定领域知识。

5. 注重细节的能力

数据科学家需要具备注重细节的能力，特别是在处理数据时。这包括关注数据质量以及编写具有良好可读性、可维护性和健壮性的程序代码。

6. 抗压与应变能力

数据科学家需要具备抗压和应变的能力，能够适应快节奏的工作环境和不断变化的工作需求。他们不仅要具备团队合作精神，还需要具备较强的独立工作能力。

7. 领导能力

一些数据科学家的职位要求具备领导经验，特别是领导大型项目和团队的经验，以及将复杂问题转化为简单问题的能力。领导经验在数据科学岗位任职要求中较为常见，因为领导能力是一种综合素质，可以较好地集中体现上述各种能力。

结　语

在本章中，我们详尽探讨了数据科学家所需具备的一系列核心能力和专业技能。我们深入剖析了数据科学家在其职业生涯中应该如何融会贯通编程、统计学、机器学习等专业技能，更全面地发展沟通协作和问题解决等通用能力，同时也强调了具备良好职业素养的重要性。此外，我们还对数据科学家可能的职业发展路径进行了探讨，以帮助学习者更明确自己的职业定位和发展方向。

本章的学习内容为学习者提供了一个全面而深入的视角，以理解和掌握成为一名成功数据科学家所需的各种知识和能力。通过对这些知识和能力的系统学习和实践，学习者将能更好地准备自己，以在未来的职业生涯中卓有成效。

继续学习建议

（1）深入专业学习。建议学习者不断深化对数据科学相关学科的理解和掌握，持续学习最新的理论知识和技术方法，注重理论与实践的结合。

（2）加强实践能力。鼓励学习者积极参与相关的项目实践，通过解决实际问题，提高专业技能的应用能力和问题解决能力。

（3）积极参与数据科学家社区。学习者应当尽可能多地参与行业交流，与其他数据科学家、专家学者进行深入对话，以拓宽视野，获得更多的学术资源和职业机会。

（4）保持学习热情。数据科学是一个不断发展的领域，学习者需保持持续学习的动力和好奇心，以适应行业的快速发展。

（5）规划职业发展。根据个人兴趣和职业目标，明晰未来的发展方向，制定并执行实际可行的职业发展计划。

习题

一、选择题

1. 在数据科学中，为何沟通技巧被视为至关重要？

   A. 用于教学
   B. 用于团队协作和结果解读
   C. 用于网络开发
   D. 用于软件编程

   答案：B。

   解析：良好的沟通技巧可以帮助数据科学家与团队成员、项目干系人更好地协作，以及更清晰、准确地传达分析结果和洞见。

2. 在数据科学项目中，以下哪个阶段更侧重于探索性数据分析（EDA）？

   A. 数据采集
   B. 数据清洗
   C. 模型评估
   D. 数据预处理

   答案：D。

   解析：在数据预处理阶段，探索性数据分析（EDA）被用来探索数据的主要特征、变量之间的关系等，以便更好地理解数据的结构和特性。

3. 数据科学家主要运用哪一种方法来预测未来事件？

   A. 描述性分析
   B. 推理统计
   C. 探索性分析
   D. 预测性建模

   答案：D。

   解析：预测性建模方法用于构建模型，以预测未知或未来的事件，这是数据科学家的一项核心职责。

4. 数据科学家在开发数据产品时，需要重点考虑的是什么？

   A. 模型复杂性　　B. 用户体验　　C. 论文发表　　D. 数据收集

   答案：B。

   解析：在开发数据产品时，数据科学家需要关注用户体验，以确保产品的易用性、可访问性和实用性，满足用户的需求和期望。

5. 在数据科学中，实证性研究主要用于什么？

   A. 检验理论假设
   B. 进行数据清洗
   C. 模型部署
   D. 数据收集

   答案：A。

   解析：实证性研究主要侧重于使用观测数据来检验和验证理论假设或模型，以获得关于现象的实际理解。

6.为何数据科学家需要具备良好的业务洞察力？

    A.协助开发新产品　　　B.提升团队合作　　　C.优化运营效率　　　D.确保数据安全

答案：A。

解析：数据科学家需要利用业务洞察力来理解业务需求和目标，以更好地开发符合业务需求的新产品和解决方案。

7.数据科学家在数据预处理阶段需要解决的问题不包括哪个？

    A.数据清洗　　　　　B.特征工程　　　　　C.模型选择　　　　　D.数据转换

答案：C。

解析：数据预处理阶段主要关注数据清洗、特征工程和数据转换，而模型选择通常出现在后续的模型构建阶段。

8.为什么说机器学习是数据科学的关键组成部分？

    A.用于数据清洗　　　　　　　　　　　　B.用于数据收集

    C.用于数据分析和预测　　　　　　　　　D.用于数据存储

答案：C。

解析：机器学习是数据科学的核心，因为它利用算法分析数据，从中学习并做出预测或决策。

9.数据科学家在解决复杂问题时，通常需要考虑哪个因素？

    A.数据质量　　　　　B.算法选择　　　　　C.业务需求　　　　　D.所有以上的因素

答案：D。

解析：在解决复杂问题时，数据科学家需要考虑数据质量、算法选择和业务需求等多个因素，以确保找到最优解决方案。

10.数据科学家在项目中的主要角色是什么？

    A.数据收集　　　　　B.数据分析和解读　　C.模型部署　　　　　D.项目管理

答案：B。

解析：数据科学家的核心角色是进行数据分析和解读，以从数据中提取有价值的洞见，并协助实现业务目标。

11.数据科学家在数据清洗过程中主要关注什么？

    A.数据可视化　　　　B.缺失值　　　　　　C.模型评估　　　　　D.算法设计

答案：B。

解析：在数据清洗过程中，数据科学家主要关注处理缺失值、异常值和不一致性，以改善数据质量。

12. 数据科学家进行数据分析时，哪项不是他们主要关注的？

　　A. 数据采集方法　　B. 数据的可靠性　　C. 数据的相关性　　D. 数据的可视化

答案：A。

解析：虽然数据采集方法是重要的，但数据科学家在数据分析阶段主要关注数据的可靠性、相关性和可视化，以便更准确地理解和解释数据。

13. 在数据分析过程中，数据的可视化主要作用是什么？

　　A. 数据清洗　　B. 理解和解释数据　　C. 数据存储　　D. 数据收集

答案：B。

解析：数据的可视化是数据分析过程中的关键步骤，主要用于更好地理解和解释数据，而不是数据清洗、数据存储或数据收集。

14. 在数据科学中，哪种类型的分析更侧重于对未来的预测？

　　A. 描述性分析　　B. 探索性分析　　C. 推断性分析　　D. 预测性分析

答案：D。

解析：预测性分析主要利用历史数据来预测未来事件的可能性，而不是仅仅描述、探索或推断数据。

15. 在进行特征工程时，数据科学家更可能进行哪项操作？

　　A. 数据收集　　B. 创建新特征　　C. 数据存储　　D. 模型部署

答案：B。

解析：特征工程过程中，数据科学家主要关注创建新特征，以改善模型的性能，而不是数据收集、数据存储或模型部署。

16. 数据科学中的"数据探索"主要包括哪些活动？

　　A. 数据收集和存储　　　　　　　　B. 数据清洗和转换

　　C. 数据可视化和模式识别　　　　　D. 模型部署和优化

答案：C。

解析：数据探索主要包括数据可视化和模式识别，目的是更好地理解数据的结构和内容，而不是数据收集、数据清洗、模型部署等活动。

17. 以下哪项不是数据科学家在数据预处理阶段进行的活动？

　　A. 缺失值处理　　B. 数据可视化　　C. 特征选择　　D. 模型评估

答案：D。

解析：数据预处理阶段主要包括缺失值处理、数据可视化和特征选择等活动，而模型评估通常出现在模型构建的后期阶段。

18. 在数据科学项目中，为什么数据科学家需要与业务专家紧密合作？

  A. 进行数据清洗   B. 进行数据可视化

  C. 了解业务背景和需求   D. 进行模型部署

答案：C。

解析：数据科学家需要与业务专家紧密合作，以更深入地了解业务背景和需求，确保数据科学项目的结果符合业务目标。

19. 数据科学中的描述性分析的主要目的是什么？

  A. 预测未来事件   B. 测试假设

  C. 描述数据的主要特征   D. 数据清洗

答案：C。

解析：描述性分析的主要目的是使用统计方法来描述数据的主要特征和模式，而不是预测、测试假设或数据清洗。

20. 在数据科学中，实证性研究的目的是什么？

  A. 构建理论   B. 推测未来趋势

  C. 测试和验证理论或假设   D. 数据收集

答案：C。

解析：实证性研究在数据科学中主要用于测试和验证理论或假设，通过观察和实验来收集数据，而不是用于构建理论、推测未来趋势或数据收集。

二、简答题

1. 数据科学家的主要职责是什么？

回答要点：

数据科学家的主要职责是收集、处理和分析数据，以提取有价值的信息和见解，支持业务决策和解决问题。

2. 数据科学家的核心能力包括哪些？

回答要点：

数据科学家的核心能力包括数据分析、机器学习、统计学、编程、数据可视化等。

3. 数据工程师的主要职责包括哪些？

回答要点：

数据工程师的主要职责是设计、构建和维护数据基础设施，包括数据存储、ETL（抽取、转换、加载）流程和数据管道。

4. 数据科学家与数据分析师之间的主要区别是什么？

回答要点：

主要区别在于数据科学家更注重开发和部署机器学习模型，而数据分析师更专注于数据解释和报告。

5. 数据科学家的3C精神包括哪些方面？

回答要点：

数据科学家的3C精神包括创造性、批判性和好奇性思维。

6. 为什么数据科学家需要具备沟通和合作能力？

回答要点：

数据科学家需要与非技术人员、团队成员和利益相关者沟通，以有效传达数据分析结果和支持业务决策。

7. 数据科学家的自学能力为什么很重要？

回答要点：

自学能力对数据科学家来说重要，因为数据科学领域不断发展，他们需要不断学习新的工具和技术以保持竞争力。

8. 数据科学家的解决问题能力为什么与执行能力有所不同？

回答要点：

解决问题能力指的是提出解决方案和决策支持的能力，而执行能力指的是将解决方案付诸实践的能力，两者有所不同。

第 7 章　数据科学的应用与实践

> 党的思想路线是一切从实际出发，理论联系实际，实事求是，在实践中检验真理和发展真理。
>
> ——摘自《中国共产党章程》(中国共产党第二十次全国代表大会部分修改，2022 年 10 月 22 日通过)

1. 学习目的

本章通过用统计学和机器学习两种方法解决同一个数据分析任务，系统地介绍数据科学实践的基本流程。目的不仅是帮助学生理解多元线性回归模型的构建和应用，同时也是为了让学生能够熟练掌握 Python 及其相关的数据科学包，如 pandas、seaborn、matplotlib、statsmodels 和 scikit-learn 等。更进一步的目的是通过具体案例和代码操作，提升学生的动手能力以及综合应用和问题解决技能。

2. 内容提要

业务理解与目标定义：从具体业务场景出发，明确数据分析的问题和目标。

数据预处理与可视化：内容涵盖从数据导入、数据清洗到探索性数据分析，以及使用可视化工具呈现数据。

模型构建与选择：提供多元线性回归模型的两种实现途径——统计学方法和机器学习方法。

模型评价与应用：介绍如何进行模型的预测以及如何评价模型的性能。

3. 学习重点

数据预处理和可视化：掌握数据清洗、数据转换和数据可视化的技巧。

模型构建：深入理解和掌握多元线性回归模型的构建流程。

Python 编程：熟悉并精通与数据科学相关的 Python 包。

> 本例题的 R 语言版本代码参见本书附录 B。

4. 学习难点

数据预处理：解决数据质量问题，包括如何处理缺失值和异常值。

模型评价：如何选择合适的模型评价标准，并准确地评估模型的预测性能。

Python 包的应用：由于涉及多个与数据科学相关的 Python 包，需要对这些包的功能和应用场景有深入的了解和掌握。

假设我们受到某家企业的委托，要分析该企业某一特定产品的销售情况。为此，该公司提供了一个名为 Advertising.csv 的数据文件，其中包括了该产品在 200 个不同市场的销售数据，以及在每个市场针对三种不同媒体（电视、广播和报纸）的广告预算。我们的任务是开发一个准确的模型，以基于这三种媒体的广告预算来预测销量。

【数据及分析对象】CSV 格式的数据文件——文件名为"Advertising.csv"，数据集包含了 200 个不同市场的产品销量，每个销量对应电视、广播和报纸等三种广告媒体投入预算，分别是 TV、radio 和 newspaper。主要属性如下。

Number：数据集的编号（单位：千美元）。

TV：电视媒体的广告预算（单位：千美元）。

radio：广播媒体的广告预算（单位：千美元）。

newspaper：报纸媒体的广告预算。

sales：商品的销量（单位：千件）。

> 本数据集来自 James G, Witten D, Hastie T, et al. An introduction to statistical learning (Second Edition). New York: Springer, 2021.

【目的及分析任务】理解机器学习方法在数据分析中的应用——多元回归方法进行回归分析。

（1）进行数据预处理与数据理解，绘制 TV、radio、newspaper 这三个自变量与因变量 sales 之间的相关关系图。

（2）采用两种不同方法进行多元回归分析——统计学方法和机器学习方法。

（3）进行模型预测，得出模型预测结果。

（4）对预测结果进行评价。

【方法及工具】Python 语言及 pandas、seaborn、matplotlib、statsmodels、scikit-learn 等包。

> 本例题分别采用统计学和机器学习两种不同方法进行了建模。

【主要步骤】

（1）业务理解。

（2）数据预处理：包括数据读入、数据理解和数据准备。

（3）模型构建。

（4）模型预测。

（5）模型评价。

7.1 业务理解

本例题所涉及的业务为分析电视媒体、广播媒体、报纸媒体的广告投入与产品销量之间的关系。该业务的主要内容是通过建立电视媒体、广播媒

> CSV（comma-separated values）文件是一种常见的文本文件格式，用于存储和交换表格数据。CSV 文件通常是纯文本文件，其中的数据以逗号或其他分隔符（如分号、制表符等）来分隔不同的字段或列。每一行表示一条记录或数据行，而每一列表示不同的数据字段。

体、报纸媒体的广告投入与产品销量的多元回归模型实现。

7.2 数据读入

导入所需的工具包 pandas、seaborn、matplotlib。读取存有数据集的本地 CSV 文件。本例通过调用 pandas 包中的 read_csv( ) 函数自动将其转换为一个 DataFrame 对象 data，并显示数据集的前 5 行数据。

> header=0 的含义为，数据表 Advertising.csv 的第 0 行为列名，即数据框 data 的列名（列的显式索引）为原数据表 Advertising.csv 的第 0 行。

In[2]
```
# 导入包
import pandas as pd
import seaborn as sns
import matplotlib.pyplot as plt
import os

# 读取 CSV 文件
data=pd.read_csv("Advertising.csv", header=0)
data.head()
```

该代码段首先导入了用于数据处理和可视化的 Python 包，包括 pandas、seaborn 和 matplotlib。接着，它读取名为 Advertising.csv 的 CSV 文件到一个 pandas DataFrame 对象，并使用 head( ) 函数显示该数据集的前 5 行。这一过程旨在初始化数据分析环境并进行数据加载和显示部分数据，对应输出结果如图 7-1 所示。

> 输出结果显示了数据集的前 5 行数据。

	Number	TV	radio	newspaper	sales
0	1	230.1	37.8	69.2	22.1
1	2	44.5	39.3	45.1	10.4
2	3	17.2	45.9	69.3	9.3
3	4	151.5	41.3	58.5	18.5
4	5	180.8	10.8	58.4	12.9

图 7-1　数据框 data 的前 5 行

7.3 数据理解

> 探索性数据分析是数据科学项目中的一个关键步骤，而可视化则是常用的探索性分析方法之一。

对 data 数据框进行探索性数据分析，本例采用的实现方式为调用 seaborn 包中的 pairplot( ) 函数，绘制 TV、radio、newspaper 这三个变量与 sales 变量之间的关系图，其中 kind 参数设置为 reg 为非对角线上的散点图拟合出一条回归直线，可以更直观地显示变量之间的关系，height 参数为 7，aspect 参数为 0.8，表明每个构面的高度为 7，宽高比为 0.8，并调用 matplotlib.pyplot.show( ) 函数显示图形。

```
              sns.pairplot(data
                   , x_vars=['TV','radio','newspaper']
                   , y_vars='sales'
In[4]              , height=7
                   , aspect=0.8
                   , kind='reg')
              plt.show()
```

该代码使用 seaborn 包的 pairplot 函数创建了一组散点图，以展示变量 TV、radio 和 newspaper 与 sales 之间的关系。这些散点图还包括回归线（由 kind = 'reg' 参数指定），用于直观表示各自变量与因变量 sales 之间的线性关系。图像的尺寸和纵横比由 height = 7 和 aspect = 0.8 参数设定。最后，plt.show( ) 用于显示生成的图像。这段代码有助于进行数据探索和初步分析，旨在揭示广告投入和销量之间的关系，对应输出结果如图 7-2 所示。

图形显示了 TV、radio、newspaper 这三个变量与 sales 变量之间的关系。

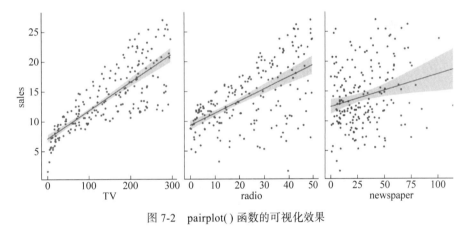

图 7-2　pairplot( ) 函数的可视化效果

7.4　数据准备

在多元回归分析中，我们的目标是建立一个模型，该模型使用特征矩阵（**X**）中的自变量（特征）来预测目标向量（**Y**）中的因变量，如表 7-1 所示。模型的建立和训练过程将依赖于这两个关键组成部分：特征矩阵和目标向量。通过合理选择和处理自变量，我们可以利用多元回归模型来解释或预测目标变量的变化。

（1）特征矩阵。特征矩阵（Feature Matrix-**X**）是一个包含所有自变量（特征）的矩阵，每一列代表一个不同的自变量（特征），每一行代表一个数据点或观察值。

特征通常用来解释或预测目标变量的变化。在多元回归中，通常有多个特征，因此特征矩阵可以是一个二维矩阵，其中每一行对应一个数据点，每一列对应一个特征。

特征矩阵的目的是将所有的自变量数据组织成一个结构化的数据集，以便用于建立回归模型。通常，特征矩阵中的数据需要进行数据预处理，如缺失值处理、标准化、归一化等。

（2）目标向量。目标向量（Target Vector-*Y*）是要预测或解释的因变量，也称为目标变量或响应变量。在多元回归中，通常只有一个目标变量。

目标向量是一个一维的向量，每个元素对应于特征矩阵中相应行的观察结果。它包含了与每个数据点关联的实际结果或标签。

注意，不是所有的自变量都一定会出现在特征矩阵中，因为其中可能包括了一些非自变量。

表 7-1 特征矩阵和目标向量的对比

指标	特征矩阵	目标向量
定义	是个矩阵，包含了用于建立预测模型的自变量（特征）的值	是个向量，包含了要预测的目标变量（响应变量）的观察值
功能	（1）用于训练机器学习模型，如多元线性回归。 （2）描述了每个观察样本的特征值	（1）用于训练机器学习模型，如多元线性回归。 （2）包含了要预测的实际数值结果
特征	（1）可以是数值型、分类型或其他类型的数据。 （2）每一列代表一个不同的自变量（特征）。 （3）包含了用于预测的所有输入特征	目标向量通常包含连续型数值
示例	在 Advertising 数据集中，特征矩阵 *X* 可能包括： • 电视广告预算； • 广播广告预算； • 报纸广告预算； • 用于建立广告与销售之间关系的自变量； • 每一行代表一个市场的广告预算信息	在 Advertising 数据集中，目标向量 *Y* 包括： • 产品销量； • 模型的目标是通过特征矩阵 *X* 预测销量； • *Y* 包含了不同市场的销量

进行多元回归分析前，应准备好模型所需的特征矩阵（*X*）和目标向量（*Y*）。本例采用 drop( ) 函数删除 data 数据框中的 Number 以及 sales 两列返回给另一个 DataFrame 对象 Data，并显示 Data 数据集，即特征矩阵的前 5 行数据。

```
# 构建特征矩阵和目标向量
In[5]  Data=data.drop(['Number', 'sales'], axis=1)
       Data.head()
```

这一步是构建数据科学模型的常见步骤之一，用于准备特征矩阵，以供后续的模型训练和分析使用。

代码从原始 data 数据框中去除了 Number 和 sales 两列，创建了一个新的 Data 数据框，用于存放特征矩阵。通过指定 axis=1 参数，表示沿列方向删除。这样，Data 数据框就包含了原始数据集中的特征列（即 TV、radio 和 newspaper），而不包括 Number 和 sales 列。接着，使用 head( ) 函数显示

	TV	radio	newspaper
0	230.1	37.8	69.2
1	44.5	39.3	45.1
2	17.2	45.9	69.3
3	151.5	41.3	58.5
4	180.8	10.8	58.4

图 7-3 预处理后的 Data 数据框的前 5 行

Data 数据框的前 5 行，以检查是否达到上述数据处理目的，对应的输出结果如图 7-3 所示。

输出结果显示了 Data 数据框的前 5 行数据。

确定目标向量 sales 为 data 数据框中的 sales 列，并显示其数据类型：

In[6]
```
sales=data['sales']
type(sales)
```

该段代码从 data 数据框中提取 sales 列，并将其存储在名为 sales 的 pandas Series 对象中。接着，使用 type() 函数查询该 sales 对象的数据类型，以确认其为 pandas Series。对应的输出结果为

```
pandas.core.series.Series
```

可见，sales 的数据类型为 pandas 中的 Series。

这一步骤通常用于构建目标向量，这是进行监督学习任务（包括回归分析和分类分析）的一个重要组成部分。在这里，目标向量 sales 包含了我们希望模型能够预测的销量数据。

将目标向量 sales 的数据转换为 numpy 中的 ndarray，本例采用的实现方式为调用 numpy 包中的 ravel() 函数返回数组。

In[7]
```
import numpy as np
sales=np.ravel(sales)
type(sales)
```

在导入 numpy 包后，代码使用 numpy 的 ravel() 函数将 sales Series 对象转换为一维数组。这样，sales 从 pandas Series 变为了 numpy 的一维数组。type（sales）用于确认转换后的数据类型为 numpy 数组。对应的输出结果为

```
numpy.ndarray
```

输出结果显示了 sales 的数据类型为 numpy 的 ndarray 数组对象。

此步骤通常用于数据预处理阶段，将目标向量从 pandas Series 转换为 numpy 数组，以便更方便地与各种统计分析包（statistics）和机器学习包（如 scikit-learn）进行交互。这确保目标向量与特征矩阵在数据类型上是一致的，进而简化后续模型训练和分析过程。

7.5 模型构建

采用统计学方法，检验模型的线性显著性。在本例中调用 statsmodels 统计建模工具包，通过 statsmodels.api（基于数组）接口进行访问。本例采用 add_constant() 函数加上一列常数项，反映线性回归模型的截距。采用 OLS() 函数用最小二乘法来进行建模 myModel 模型。采用模型的 fit 方法返回一个回归结果对象 results，该对象 results 包含了估计的模型参数和其他的诊断。在 results 上调用 summary 方法可以打印出一个模型的诊断细节。

先用统计学方法进行建模。

In[8]
```
#第一种分析方法——基于统计学的建模
import statsmodels.api as sm
X_add_const=sm.add_constant(Data.to_numpy())
myModel=sm.OLS(sales, X_add_const)
results=myModel.fit()
print(results.summary())
```

该代码段使用 statsmodels 包进行多元线性回归分析，首先通过添加一个常数列来预处理特征矩阵，然后应用普通最小二乘（OLS）方法拟合模型。最后，代码打印出模型的统计摘要，以供进一步分析和评价。这一过程旨在通过统计方法建立广告支出和产品销量之间的数学关系，对应的输出结果，如图 7-4 所示。

```
                            OLS Regression Results
==============================================================================
Dep. Variable:                      y   R-squared:                       0.897
Model:                            OLS   Adj. R-squared:                  0.896
Method:                 Least Squares   F-statistic:                     570.3
Date:                Wed, 20 Sep 2023   Prob (F-statistic):           1.58e-96
Time:                        13:17:53   Log-Likelihood:                -386.18
No. Observations:                 200   AIC:                             780.4
Df Residuals:                     196   BIC:                             793.6
Df Model:                           3
Covariance Type:            nonrobust
==============================================================================
                 coef    std err          t      P>|t|      [0.025      0.975]
------------------------------------------------------------------------------
const          2.9389      0.312      9.422      0.000       2.324       3.554
x1             0.0458      0.001     32.809      0.000       0.043       0.049
x2             0.1885      0.009     21.893      0.000       0.172       0.206
x3            -0.0010      0.006     -0.177      0.860      -0.013       0.011
==============================================================================
Omnibus:                       60.414   Durbin-Watson:                   2.084
Prob(Omnibus):                  0.000   Jarque-Bera (JB):              151.241
Skew:                          -1.327   Prob(JB):                     1.44e-33
Kurtosis:                       6.332   Cond. No.                         454.
==============================================================================
```

图 7-4　回归分析的结果

> P>|t| 值主要用于检验自变量的系数是否显著不等于零。如果这个值小于选择的显著性水平（通常为 0.05），那么可以拒绝零假设，即自变量的系数不等于零，表明自变量对因变量产生显著影响。

> 多元线性回归中，F-statistic 的零假设（H0）为"所有自变量的系数（回归系数）都等于零，即自变量对因变量没有显著影响，模型不具有统计显著性"。与 t 统计量不同的是，F-statistic（F 统计量）用于评估模型的整体显著性，即模型是否能够解释因变量（目标变量）的变化。

> random_state 的含义为生成随机数算法中的种子数。

> 采用机器学习方法进行数据分析。

输出结果显示了调用 summary 方法的前模型诊断结果。summary 内容较多，其中重点考虑参数 R-squared、Prob（F-statistic）以及 P>|t| 的两个值，通过这 4 个参数就能判断模型是否是线性显著的，同时知道显著的程度如何。

其中，R-squared（决定系数），其值等于 SSR/SST，其中 SSR 表示回归平方和（sum of squares for regression），SST 表示总平方和（sum of squares for total）。决定系数的取值范围为 [0, 1]，其值越接近 1，说明回归模型能够更好地解释因变量的变化。在本例中 R-squared 的值为 0.897，接近于 1，说明回归效果好。F-statistic（F 检验），这个值越大越能推翻原假设，原假设是"我们的模型不是线性模型"。Prob（F-statistic）是 F-statistic 的概率，这个值越小越能拒绝原假设，本例中为 1.58e-96，该值非常小，足以证明我们的模型是线性显著。

接着，我们使用机器学习的方法进行建模，以便进行二者的对比分析。为了采用机器学习方法，需要拆分训练集和测试集。在本例中通过调用 sklearn.model_selection 中的 train_test_split() 函数进行训练集和测试集的拆分，random_state 为 1，用 25% 的数据测试，75% 的数据训练。

```
# 第二种分析方法——基于机器学习

# 数据读入及预处理
import pandas as pd
data=pd.read_csv("Advertising.csv", header=0)
Data=data.drop(['Number', 'sales'], axis=1)
sales=data['sales']
# 测试集和训练集的划分
from sklearn.model_selection import train_test_split
X_train, X_test, y_train, y_test=train_test_split
(Data, sales, random_state=1, test_size=0.25)
```

In[9]

该代码段用于基于机器学习的数据分析方法,并首先执行数据预处理和拆分。具体来说,它使用 scikit-learn 包的 train_test_split 函数将数据集拆分为训练集和测试集。此处,特征矩阵(无 Number 和 sales 列)和目标向量(sales 列)被随机拆分,其中 75% 用于训练模型,剩余 25% 用于测试模型。这一过程为接下来的机器学习模型训练和评估提供了必要的数据。查看训练数据与测试数据的数量:

```
# 查看训练数据与测试数据的数量
print(X_train.shape)
print(X_test.shape)
```

In[10]

该代码段用于查看经过拆分后的训练数据和测试数据的数量。通过调用 DataFrame 对象(训练集 X_train 和测试集 X_test)的 shape 属性,代码输出了各自的形状,从而提供了样本数量和特征数量。这一步通常用于确认数据拆分是否符合预期,并为后续模型训练和测试阶段提供参考信息。对应输出结果为

(150,3)
(50,3)

输出结果显示将用 150 条数据进行训练,50 条数据进行测试。

在训练集上进行模型训练。本例调用 sklearn.linear_model 中默认参数的 LinearRegression 对训练集进行线性回归。

```
# 训练模型
from sklearn.linear_model import LinearRegression
linreg=LinearRegression()

model=linreg.fit(X_train, y_train)

print(model)
```

In[11]

该代码段使用 scikit-learn 包中的 LinearRegression 类在训练数据集上进

行线性回归模型训练。具体而言，LinearRegression()实例化了一个线性回归模型，然后使用fit方法利用训练数据（X_train和y_train）进行模型拟合。拟合完成后，模型信息储存在model对象中并被打印出来。这一过程是机器学习工作流程中关键的模型训练阶段，旨在创建一个能够捕捉训练数据中广告支出与销量关系的模型。对应输出结果为

```
LinearRegression(copy_X=True, fit_intercept=True,
n_jobs=None, normalize=False)
```

输出结果显示了模型的训练结果。

在此基础上，查看多元线性回归模型的回归系数：

In[12]   `model.coef_`

该代码段用于查看拟合的多元线性回归模型的回归系数。通过调用model对象的coef_属性，输出模型中各特征（在这个例子中是TV、radio和newspaper）对应的回归系数。这些系数量化了每种广告媒体投入与产品销量之间的关系，是评估模型效果和解释模型的关键指标。通常，这一步是模型分析和解释的重要环节，用于了解各变量如何影响目标变量。对应输出结果为

```
array([0.04656457, 0.17915812, 0.00345046])
```

输出结果显示了模型的方程的系数为0.04656457、0.17915812、0.00345046。

查看回归模型的截距：

In[13]   `model.intercept_`

该代码段用于查询拟合的多元线性回归模型的截距项。通过调用model对象的intercept_属性，输出模型的截距值。截距表示当所有特征（在这个例子中是TV、radio和newspaper）都为0时，预测的产品销量。截距是多元线性回归模型的一个重要组成部分，用于描述模型在没有任何广告投入的情况下预测的基线销量。这一信息对于模型的解释和应用有重要意义。对应输出结果（该模型的截距）为2.8769666223179335。

最后，调用score()方法返回预测的R-squared（决定系数），表现模型的准确率：

In[14]
```
# 准确率
model.score(X_test, y_test)
```

该代码段用于评估多元线性回归模型的准确性。通过调用model对象的score方法并传入测试集（X_test和y_test）作为参数，输出模型的准确率。

可见，第一种方法（统计学方法）和第二种方法（机器学习方法）建模的模型参数不完全一样。

决定系数R^2的值范围从0到1，更接近1的值通常表示模型具有更好的解释能力。然而，这仅作为模型好坏的一种参考指标，并需要与其他统计量和实际应用场景一同考虑。这一步是模型评估阶段的关键环节，用于了解模型在未见过的数据上的表现。

在多元线性回归的上下文中，这通常表示模型的决定系数 R^2，该值量化了模型对观察数据的解释能力。对应输出结果为

输出结果表明 R-squared 的值为 0.9156213613792231，接近于 1，说明该模型的准确率高。

0.9156213613792231

7.6 模型预测

采用 predict 方法使用线性模型进行预测，返回模型的预测结果 y_pred：

In[15]
```
y_pred=linreg.predict(X_test)
y_pred
```

linreg.fit( ) 用于训练模型，而 linreg.predict( ) 用于基于已训练的模型进行预测。通常，在机器学习和数据科学中，先使用 fit( ) 方法来训练模型，然后使用 predict( ) 方法来生成新数据点的预测。

该代码段使用已经训练好的多元线性回归模型（存储在 linreg 对象中）对测试集（X_test）进行预测。通过调用 predict 方法并传入测试集作为参数，返回一个包含预测结果（通常存储在变量 y_pred 中）的数组。这些预测结果可用于与实际目标变量（y_test）进行比较，以评估模型的预测性能。这一步骤是机器学习模型应用的核心环节，它显示了模型在未见过的数据上的预测能力。对应输出结果为

```
array([21.70910292, 16.41055243,  7.60955058, 17.80769552, 18.6146359,
       23.83573998, 16.32488681, 13.43225536,  9.17173403, 17.333853,
       14.44479482,  9.83511973, 17.18797614, 16.73086831, 15.05529391,
       15.61434433, 12.42541574, 17.17716376, 11.08827566, 18.00537501,
        9.28438889, 12.98458458,  8.79950614, 10.42382499, 11.3846456,
       14.98082512,  9.78853268, 19.39643187, 18.18099936, 17.12807566,
       21.54670213, 14.69809481, 16.24641438, 12.32114579, 19.92422501,
       15.32498602, 13.88726522, 10.03162255, 20.93105915,  7.44936831,
        3.64695761,  7.22020178,  5.9962782, 18.43381853,  8.39408045,
       14.08371047, 15.02195699, 20.35836418, 20.57036347, 19.60636679])
```

7.7 模型评价

通过 range( ) 函数返回可迭代对象：

In[16]   `range(len(y_pred))`

该代码段通过使用 range( ) 函数和传入 y_pred 数组的长度，返回一个可迭代对象。这个对象生成从 0 开始，到 len（y_pred）-1 结束的一系列整数。这常用于在循环结构中索引或迭代预测结果数组 y_pred。该可迭代对象可以用于与实际目标变量（在这个情况下是 y_test）进行元素级的比较或其他操作，从而进一步分析或评价模型的预测性能。对应输出结果为

range(0,50)

In[18]   `y_pred`

该代码段通过简单地输出 y_pred，显示多元线性回归模型对测试集（X_test）进行预测后得到的预测结果。这些预测结果通常存储为一个一维数组，每个元素对应于测试集中一个样本的预测销量。此步骤通常用于初步观察模型预测的输出，为进一步的模型评估和分析提供数据基础。对应输出结果为

```
array([21.70910292, 16.41055243,  7.60955058, 17.80769552, 18.6146359,
       23.83573998, 16.32488681, 13.43225536,  9.17173403, 17.333853,
       14.44479482,  9.83511973, 17.18797614, 16.73086831, 15.05529391,
       15.61434433, 12.42541574, 17.17716376, 11.08827566, 18.00537501,
        9.28438889, 12.98458458,  8.79950614, 10.42382499, 11.3846456,
       14.98082512,  9.78853268, 19.39643187, 18.18099936, 17.12807566,
       21.54670213, 14.69809481, 16.24641438, 12.32114579, 19.92422501,
       15.32498602, 13.88726522, 10.03162255, 20.93105915,  7.44936831,
        3.64695761,  7.22020178,  5.9962782, 18.43381853,  8.39408045,
       14.08371047, 15.02195699, 20.35836418, 20.57036347, 19.60636679])
```

对于预测结果的评价，本例使用了 matplotlib.pyplot 库的 plot( ) 函数来绘制模型的预测值与真实值的图表。在图表中，通常会有两条线，分别表示模型的预测值和实际观察到的值。

plt.legend(loc="upper right") 用于添加图例，以区分预测值和观察值。图的 x 轴标签设置为 the number of sales，而 y 轴标签设置为 value of sales。

In[19]
```
# 结果的可视化
import matplotlib.pyplot as plt
plt.figure()
plt.plot(range(len(y_pred)),y_pred,'black',label="predict")
plt.plot(range(len(y_pred)),y_test,'grey',label="test")
plt.legend(loc="upper right")
plt.xlabel("the number of sales")
plt.ylabel('value of sales')
plt.show()
```

该代码段使用 matplotlib.pyplot 包的 plot( ) 函数来绘制预测结果和实际观测值的图形。在这个图形中，黑色线（标签为 "predict"）表示模型的预测结果（y_pred），而灰色线（标签为 "test"）表示测试集的实际观测值（y_test）。通过这种可视化方式，可以直观地比较模型预测与实际观测值的接近程度，进而对模型的预测性能进行评估。这是模型评价和解释的重要步骤，可以揭示模型在未见数据上的表现，对应输出结果如图 7-5 所示。

从图 7-6 可以清晰地看出，模型的预测结果（黑色折线）与真实值（灰色折线）的折线趋于重合，这表明该模型的预测效果较好。

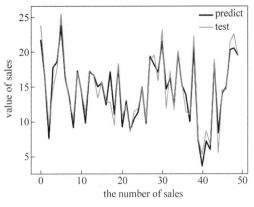

图 7-5 模型评价图

结　语

本章通过综合应用统计学和机器学习方法，系统地讲解了一套完整的数据科学分析流程。从业务问题的定义，到数据的预处理，以及模型的构建与评价，各个步骤都旨在提供对该主题更全面和深入的认识。特别强调了多元线性回归模型在解决实际问题中的作用，并通过使用 Python 及其相关数据科学包，如 pandas、seaborn、matplotlib、statsmodels 和 scikit-learn 等，增强了代码实现的实用性，同时也提升了读者的动手能力和问题解决技巧。

本章的学习和实践不仅能加深读者对多元线性回归模型的理解，更为重要的是，它为读者在未来数据科学项目中提供了一个结构化的参考框架。

继续学习建议

（1）深入理解统计学理论。为了更全面地掌握模型构建与评价，建议读者深入学习统计学的相关理论，包括但不限于假设检验、概率分布和最大似然估计等。

（2）熟练掌握机器学习算法知识。建议读者利用 scikit-learn 包作为起点，进一步学习其他监督和非监督的机器学习算法，以拓宽自己的应用范围。

（3）加强 Python 编程实践。熟练运用 Python 及其相关的数据科学包是进行有效数据分析的基础。因此，建议读者通过更多实际操作来加强自己的编程能力。

（4）重视与业务领域专业知识的结合。数据科学不仅仅局限于机器学习和统计学，业务领域的深入了解也是非常关键的。因此，建议读者根据个人兴趣或职业需求，选择一个或多个特定业务领域进行深入研究。

（5）培养好奇心、批判性思考和创造性设计的能力。建议读者在实际工作和学习中，不仅要关注技术和方法，更需要培养自己的好奇心、批判性思考能力和创造性设计能力，这些将在未来的数据科学项目中发挥重要作用。

习题

一、选择题

1. 在 Python 中，如何导入一个名为 pandas 的包？

  A. import pandas   B. #include <pandas>   C. using pandas   D. require('pandas')

答案：A。

解析：在 Python 中，import 关键字用于导入包。

2. 如何在 Python 中定义一个名为 data 的变量，并将其设置为数字 5？

  A. var data = 5;   B. let data:5   C. int data = 5;   D. data = 5

答案：D。

解析：在 Python 中，变量定义不需要类型声明，并使用"="进行赋值。

3. 在 Python 中，哪个函数用于读取 CSV 文件？

  A. pandas.open_csv( )   B. pandas.read_csv( )

  C. pandas.csv_read( )   D. pandas.import_csv( )

答案：B。

解析：pandas.read_csv( ) 函数用于读取 CSV 文件。

4. 哪个 Python 包通常用于数据可视化？

  A. numpy   B. matplotlib   C. json   D. csv

答案：B。

解析：matplotlib 包通常用于数据可视化。

5. 在 Python 的 numpy 包中，ravel( ) 函数用于什么目的？

  A. 排序数组   B. 转换数组为一维

  C. 查找数组中的最大元素   D. 对数组进行傅里叶变换

答案：B。

解析：np.ravel( ) 函数用于将多维数组转换为一维数组。

6. 在使用 train_test_split 函数时，random_state 参数的作用是什么？

  A. 定义测试集的大小 B. 控制数据划分的随机性

  C. 选择训练算法 D. 定义数据划分的策略

答案：B。

解析：random_state 用于确保数据划分的随机性。

7. 哪个函数用于添加常数列（一列值为 1）到一个 numpy 数组中？

  A. np.add_constant( ) B. sm.add_constant( )

  C. np.append_constant( ) D. sm.append_constant( )

答案：B。

解析：sm.add_constant( ) 函数用于向 numpy 数组添加一列常数。

8. 在使用 plt.plot( ) 函数时，b 和 r 分别代表什么颜色？

  A. 蓝色和红色 B. 黑色和红色 C. 红色和蓝色 D. 蓝色和绿色

答案：A。

解析：在 matplotlib.pyplot 中，b 代表蓝色，r 代表红色。

9. 如何在 Python 中输出一个变量的类型？

  A. type(variable) B. print(type(variable))

  C. variable.type( ) D. System.out.println(type(variable))

答案：B。

解析：print(type(variable)) 用于输出一个变量的类型。

10. 在 Python 中，哪个关键字用于导入多个包？

  A. import B. using C. require D. include

答案：A。

解析：import 关键字用于导入一个或多个包。

11. 如何从 sklearn.linear_model 导入 LinearRegression 类？

  A. import LinearRegression from sklearn.linear_model

  B. from sklearn.linear_model import LinearRegression

  C. using sklearn.linear_model.LinearRegression

  D. require('sklearn.linear_model').LinearRegression

答案：B。

解析：使用 from…import…语法导入特定的类或函数。

12. 哪个函数用于显示 matplotlib 图形？

　　A. plt.show( )　　　　　　　　　　B. plt.display( )

　　C. plt.view( )　　　　　　　　　　D. plt.graph( )

答案：A。

解析：plt.show( ) 用于显示已创建的 matplotlib 图形。

13. 在 pandas DataFrame 中，如何删除一个列？

　　A. data.drop(column_name)　　　　B. data.drop(column_name, axis=1)

　　C. data.remove(column_name)　　　D. data.delete(column_name)

答案：B。

解析：data.drop(column_name, axis=1) 用于删除 DataFrame 中的一个列。

14. 在 pandas DataFrame 中，head( ) 函数的作用是什么？

　　A. 返回数据集的所有列名　　　　　B. 返回数据集的前 5 行

　　C. 返回数据集的尾部 5 行　　　　　D. 返回数据集的维度

答案：B。

解析：head( ) 函数默认返回数据集的前 5 行。

15. 在 scikit-learn 中，哪个函数用于将数据集分为训练集和测试集？

　　A. train_split_test( )　　　　　　B. split_data( )

　　C. data_split( )　　　　　　　　　D. train_test_split( )

答案：D。

解析：train_test_split( ) 函数用于将数据集分为训练集和测试集。

16. 在 Seaborn 包中，pairplot( ) 函数的作用是什么？

　　A. 绘制箱型图　　　　　　　　　　B. 绘制相关性矩阵图

　　C. 绘制散点图矩阵　　　　　　　　D. 绘制条形图

答案：C。

解析：pairplot( ) 函数用于绘制散点图矩阵。

17. 哪个函数用于创建一个 numpy 数组？

　　A. np.array( )　　　B. np.create( )　　　C. np.init( )　　　D. np.new( )

答案：A。

解析：np.array( ) 用于创建一个 numpy 数组。

18. 在 pandas 中，DataFrame 对象的数据类型是什么？
    A. List B. Array C. DataFrame D. Dictionary
答案：C。
解析：在 pandas 中，DataFrame 是一个特定的数据结构。

19. 在 Python 中，如何返回一个可迭代对象的长度？
    A. len（iterable） B. iterable.length C. iterable.size( ) D. iterable.len( )
答案：A。
解析：len( ) 函数用于返回一个可迭代对象（如列表、元组、字符串等）的长度。

20. 哪个函数用于查看线性回归模型的回归系数？
    A. model.coef_
    B. model.coefficient( )
    C. model.get_coef( )
    D. model.coefficients
答案：A。
解析：在 Scikit-Learn 的线性回归模型中，coef_ 属性用于查看模型的回归系数。

二、简答题

1. 什么是探索性数据分析（EDA）？

回答要点：

EDA 是数据科学项目中的一个重要步骤，通过可视化和统计方法来了解数据的基本特征，包括分布、关联性、异常值等，以便更好地理解数据集。

2. 请解释特征矩阵和目标向量在多元线性回归中的作用。

回答要点：

特征矩阵包含了自变量或特征，用于预测目标向量（因变量）。目标向量是我们要预测或建模的变量，而特征矩阵包含了一组特征，用于解释目标向量的变化。

3. 在多元线性回归中，F-statistic 的作用是什么？

回答要点：

F-statistic 用于评估整个回归模型的统计显著性，即模型是否能够解释因变量的变化。零假设是所有自变量的系数都等于 0，如果 F-statistic 值足够大，可以拒绝零假设，表明模型整体上是显著的。

4. R-squared（决定系数）的取值范围是多少？

回答要点：

R-squared 的取值范围在 0 到 1 之间。值越接近 1，表示模型对因变量的解释能力越好。

5. P>|t| 值在假设检验中的作用是什么？

回答要点：

P>|t| 值用于测试自变量的系数是否显著不等于零。如果这个值小于选择的显著性水平（通常是 0.05），则可以拒绝零假设，表明自变量对因变量有显著影响。

6. 什么是决定系数（R-squared）？如何解释 R-squared 的值？

回答要点：

决定系数（R-squared）是用于评估回归模型拟合度的统计指标。它表示模型对因变量的变异性的解释程度，其值范围在 0 到 1 之间。R-squared 值越接近 1，表示模型能够更好地解释因变量的变异性，说明模型拟合效果较好。如果 R-squared 值接近 0，则模型解释效果较差。

7. 在多元线性回归中，linreg.predict( ) 和 linreg.fit( ) 分别有什么作用？

回答要点：

linreg.fit( ) 用于拟合多元线性回归模型，即训练模型以估计系数。linreg.predict( ) 用于根据已拟合的模型进行预测，给出自变量的值，预测相应的因变量值。

8. 在数据科学中，为什么探索性数据分析（EDA）是如此重要？

回答要点：

EDA 有助于我们更好地理解数据，发现数据中的模式和趋势，识别异常值，选择合适的特征，并为后续建模和分析做好准备。它是数据科学项目的基础步骤，有助于制定正确的分析策略。

参 考 文 献

[1] ALPAYDIN E. Introduction to machine learning. [M]. 5th ed. Cambridge: MIT Press, 2020.
[2] ANSCOMBE F J. Graphs in statistical analysis[J]. The American Statistician, 1973, 27 (1): 17-21.
[3] BAKER M. Data science: Industry allure[J]. Nature, 2015, 520 (7546): 253-255.
[4] BENGFORT B, KIM J. Data analytics with Hadoop: an introduction for data scientists [M]. Sebastopol, CA: O'Reilly Media, Inc., 2016.
[5] BURKOV A. The hundred-page machine learning book [EB/OL]. (2022-06-30) [2024-03-24]. https://www.doc88.com/p-42529709124000.html.
[6] CHAMBERS B, ZAHARIA M. Spark: the definitive guide: big data processing made simple [M]. Sebastopol, CA: O'Reilly Media, Inc., 2018.
[7] DAVENPORT T H, PATIL D J. Data scientist[J]. Harvard Business Review, 2012, 90: 70-76.
[8] DONOHO D. 50 years of data science[J]. Journal of Computational and Graphical Statistics, 2017, 26 (4): 745-766.
[9] HAN J, KAMBER M, PEI J. Data mining: Concepts and techniques [M]. Amsterdam: Elsevier, 2011.
[10] HARRINGTON P. Machine learning in action [M]. Greenwich, CT: Manning Publication Co., 2012.
[11] HOLMES A. Hadoop in practice [M]. Greenwich, CT: Manning Publications Co., 2012.
[12] KAZIL J, JARMUL K. Data wrangling with Python: Tips and tools to make your life easier [M]. Sebastopol, CA: O'Reilly Media, Inc., 2016.
[13] KEIM D, ANDRIENKO G, Fekete J D, et al. Visual analytics: Definition, process, and challenges [M]. Berlin Heidelberg: Springer, 2008.
[14] KELLEHER J D, Tierney B. Data science [M]. Cambridge: MIT Press, 2018.
[15] KHATRI V, BROWN C V. Designing data governance[J]. Communications of the ACM, 2010, 53 (1): 148-152.
[16] KNAFLIC C N. Storytelling with data: a data visualization guide for business professionals [M]. Hoboken, NJ: John Wiley & Sons, 2015.
[17] LAZER D, KENNEDY R, KING G, et al. The parable of Google Flu: traps in big data analysis[J]. Science, 2014, 343 (6176): 1203-1205.
[18] LEVY S. Hackers: Heroes of the computer revolution [M]. New York: Penguin Books, 2001.
[19] MACKINLAY J. Automating the design of graphical presentations of relational information[J]. ACM Transactions on Graphics (Tog), 1986, 5 (2): 110-141.
[20] MARZ N, WARREN J. Big Data: Principles and best practices of scalable realtime data systems [M]. Greenwich, CT: Manning Publications Co., 2015.
[21] MATTMANN C A. Computing: A vision for data science[J]. Nature, 2013, 493 (7433): 473-475.
[22] MAYER-SCHÖNBERGER V, CUKIER K. Big data: A revolution that will transform how we live, work, and think [M]. Boston, MA: Houghton Mifflin Harcourt, 2013.
[23] Mckinney W. Python for data analysis: Data wrangling with Pandas, NumPy, and IPython [M]. 2nd ed. Sebastopol, CA: O'Reilly Media, Inc., 2017.

[24] MINELLI M, CHAMBERS M, DHIRAJ A. Big data, big analytics: emerging business intelligence and analytic trends for today's businesses [M]. Hoboken, NJ: John Wiley & Sons, 2012.

[25] OSBORNE J W, OVERBAY A. Best practices in data cleaning [M]. New York: Sage, 2012.

[26] PATIL D J. Building data science teams [M]. Sebastopol, CA: O'Reilly Media, Inc., 2011.

[27] PATIL D J. Data Jujitsu: the art of turning data into product [M]. Sebastopol, CA: O'Reilly Media, Inc, 2012.

[28] PAULK M C, WEBER C V, CURTIS B, et al. The capability maturity model: Guidelines for improving the software process [M]. Reading, MA: Addison-Wesley, 1994.

[29] PEARL J, MACKENZIE D. The book of why: the new science of cause and effect [M]. New York: Basic Books, 2018.

[30] PROVOST F, FAWCETT T. Data Science for Business: What you need to know about data mining and data-analytic thinking [M]. Sebastopol, CA: O'Reilly Media, Inc., 2013.

[31] SADALAGE P J, FOWLER M. NoSQL distilled: a brief guide to the emerging world of polyglot persistence [M]. London: Pearson Education, 2012.

[32] TANSLEY, STEWART, KRISTIN M T. The fourth paradigm: Data-intensive scientific discovery [M]. Redmond, WA: Microsoft Research, 2009.

[33] VAISH G. Getting started with NoSQL [M]. Birmingham: Packt Publishing Ltd, 2013.

[34] VANDERPLAS J. Python data science handbook: essential tools for working with data [M]. Sebastopol, CA: O'Reilly Media, Inc., 2016.

[35] WARD M O, GRINSTEIN G, KEIM D. Interactive data visualization: foundations, techniques, and applications [M]. Boca Raton, FL: CRC Press, 2010.

[36] WHITE T. Hadoop: The definitive guide [M]. 4th ed. O'Reilly Media, Inc., 2015.

[37] WICKHAM H, GROLEMUND G. R for data science: import, tidy, transform, visualize, and model data [M]. Sebastopol, CA: O'Reilly Media, Inc., 2016.

[38] WICKHAM H. Tidy data[J]. Journal of Statistical Software, 2014, 59 (10): 1-23.

[39] WILKINSON L. The grammar of graphics [M]. New York: Springer Science & Business Media, 2006.

[40] WILLIAM S, STALLINGS W. Cryptography and network security: Principles and practice [M]. London: Pearson Education India, 2013.

[41] WITTEN I H, FRANK E. Data Mining: Practical machine learning tools and techniques [M]. Burlington, MA: Morgan Kaufmann, 2005.

[42] YAU N. Data points: Visualization that means something [M]. Hoboken, NJ: John Wiley & Sons, 2013.

[43] YAU N. Visualize this [M]. Hoboken, NJ: John Wiley & Sons, 2012.

[44] ZUMEL N, MOUNT J, PORZAK J. Practical data science with R [M]. Greenwich, CT: Manning Publications Co., 2014.

[45] JAMES G, WITTEN D, HASTIE T, et al. An introduction to statistical learning [M]. 2nd ed. New York: Springer, 2021.

[46] 朝乐门. Python 编程：从数据分析到数据科学 [M]. 2 版. 北京：电子工业出版社，2022.

[47] 朝乐门. 数据故事化 [M]. 北京：电子工业出版社，2022.

[48] 朝乐门. 数据科学理论与实践 [M]. 3 版. 北京：清华大学出版社，2022.

[49] 朝乐门. Python 编程：从数据分析到数据科学 [M]. 北京：电子工业出版社，2019.

[50] 朝乐门. 数据分析原理与实践 [M]. 北京：机械工业出版社，2022.

[51] 陈为. 数据可视化 [M]. 北京：电子工业出版社，2013.

[52] 贾俊平，何晓群，金勇进. 统计学 [M]. 7 版. 北京：中国人民大学出版社，2018.

[53] 汤姆·米切尔. 机器学习 [M]. 曾华军，张银奎 译. 北京：机械工业出版社，2003.

[54] 王珊，萨师煊. 数据库系统概论 [M]. 5 版. 北京：高等教育出版社，2014.

[55] 王昭，袁春. 信息安全原理与应用 [M]. 北京：电子工业出版社，2010.

[56] 周志华. 机器学习 [M]. 北京：清华大学出版社，2016.

附录 A Python 数据分析中常用的语法要点及讲解

1. 导入包（importing libraries）

【是什么】

import 语句用于导入模块或包，使其功能和定义可以在当前代码中使用。

【为什么用】

实现 Python 代码重用，使数据分析人员编写的程序代码更加简明，易于维护

【如何用】

使用 import 关键字和包名即可。例如，如果想使用 pandas 包，可以使用如下语句导入：

```
import pandas as pd
```

注：可以用别名 pd 来缩短代码和提高可读性。

【注意事项】

当试图使用一个没有被导入的模块或包时，Python 会抛出 ModuleNotFoundError 或 ImportError。

2. 变量赋值及定义（variable assignment）

【是什么】

用符号 "=" 将某个值赋给一个变量。

【为什么用】

变量用于存储和管理数据，以便后续使用或操作。

【如何用】

例如，将整数 10 赋给变量 x 可以这样写：

```
x=10
```

【注意事项】

如果试图访问一个没有赋值的变量，Python 将会报一个 NameError 异常——NameError: name ' 变量名 ' is not defined。

3. for 循环（for loops）

【是什么】

for 关键字用于在 Python 中创建循环。

【为什么用】

循环通常用于重复执行某个操作，例如遍历列表或多次执行一个代码块。

【如何用】

```
for i in range(5):
    print(i)
```

注：打印出从 0 到 4 的整数。

【注意事项】

初学者有时会忘记 Python 索引从 0 开始，并错误地使用 range（1，5）以为会得到 [1，2，3，4，5]，但实际上是 [1，2，3，4]。

4. if-elif-else 条件语句（conditional statements）

【是什么】

if、elif 和 else 用于基于特定条件执行代码。

【为什么用】

这些语句允许创建多条分支的逻辑，只有当特定条件满足时，相应的代码块才会执行。

【如何用】

```
if x>10:
    print("大于10")
elif x==10:
    print("等于10")
else:
    print("小于10")
```

注：根据 x 的值打印相应的语句。

【注意事项】

初学者有时会因为不正确的缩进或条件设置而导致逻辑错误。例如，将 elif 和 else 的缩进设置错误，可能会导致这些部分的代码块永远不会执行。

5. 列表推导式（list comprehensions）

【是什么】

一种简洁而快速创建列表的方法。

【为什么用】

列表推导式提供了一种比传统 for 循环更加简洁的方式来创建列表。

【如何用】

```
squares=[x*x for x in range(5)]
```

注：创建一个包含 [0，1，4，9，16] 的列表。

【注意事项】

初学者有时会在复杂的逻辑中使用列表推导式,这会使代码难以阅读和维护。

6. 函数自定义(function definitions)

【是什么】

用 def 关键字来定义一个函数。

【为什么用】

函数允许封装代码逻辑,使其可重用和更易于管理。

【如何用】

```
def square(x):
    return x*x
```

注:该函数接受一个参数 x,并返回它的平方。

【注意事项】

初学者有时可能忘记包括 return 语句,导致函数返回 None。或者在函数体内部使用了全局变量,导致全局状态被不当地修改。

7. Lambda 函数(lambda functions)

【是什么】

一个创建匿名函数(没有名字的函数)的方式。

【为什么用】

Lambda 函数通常用于执行简单任务,尤其是当不想用 def 定义完整的函数时。

【如何用】

```
f=lambda x:x*x
```

注:创建了一个可以计算平方的 lambda 函数。

【注意事项】

初学者可能过度使用 lambda 函数,导致代码难以阅读和调试,尤其是当逻辑变得复杂时。

8. 切片(slicing)

【是什么】

用于从序列类型(如列表、元组、字符串)中提取子集。

【为什么用】

切片在数据清洗和预处理时非常有用。

【如何用】

```
lst=[0,1,2,3,4]
sub_lst=lst[1:4]
```

注:创建一个新列表 sub_lst,包含 lst 中索引从 1 到 3 的元素。

【注意事项】

初学者可能会弄错索引的结束位置。在 Python 中,切片是左闭右开的,所以 lst[1:4] 实际上只会到索引为 3 的元素。

9. 字典(dictionaries)

【是什么】

字典是一个键—值对的集合。

【为什么用】

字典用于存储和检索键—值对,特别是当需要快速查找数据时。

【如何用】

```
my_dict={'name':'Alice','age':30}
```

注:创建了一个包含名字和年龄的字典。

【注意事项】

初学者可能会使用不可哈希的对象作为字典的键,例如列表,这会导致运行时错误。

10. try-except 语句(try-except blocks)

【是什么】

用于异常处理。

【为什么用】

当遇到可能出现的错误或异常时,try-except 语句可以帮助优雅地处理这些情况,而不是让整个程序崩溃。

【如何用】

```
try:
    result=10/0
except ZeroDivisionError:
    result='undefined'
```

注:由于试图除以 0,代码会触发 ZeroDivisionError。except 块捕获这个异常,并将 result 设置为 undefined。

【注意事项】

初学者有时可能过度使用 try-except,或者在 except 块中使用过于宽泛的异常类型,这样可能会捕获到意料之外的异常,导致程序难以调试。

11. 引用外部模块中的特定函数或类(from import statements)

【是什么】

用于从外部包中导入特定的函数或类。

【为什么用】

可以减少不必要的包加载,并使代码更简洁。

【如何用】

```
from math import sqrt
```

注：可以直接使用 sqrt() 函数，而不需要像 math.sqrt() 那样调用。

【注意事项】

初学者可能会误用通配符，例如 from math import *，这样会导入所有的函数和变量，但这通常是不推荐的，因为它可能导致名称冲突和不可预见的行为。

12. 字符串格式化（string formatting）

【是什么】

用于创建和组装字符串。

【为什么用】

字符串格式化功能可以将变量或表达式的值插入到字符串中。

【如何用】

```
name="Alice"
greeting=f"Hello,{name}"
```

注：创建一个字符串 greeting，其值为 "Hello, Alice"。

【注意事项】

初学者可能会混淆不同类型的字符串格式化，例如%格式化和 str.format()，或者不正确地使用转义字符。

13. 类定义（class definitions）

【是什么】

用于定义一个新的类（数据结构）。

【为什么用】

类是面向对象编程的基础，用于创建具有特定属性和方法的对象。

【如何用】

```
class Person:
    def __init__(self,name,age):
        self.name=name
        self.age=age
```

注：定义了一个具有 name 和 age 属性的 Person 类。

【注意事项】

初学者可能会忽略初始化方法 __init__，或者错误地添加或缺少 self 参数，导致运行时错误。

14. 文件读写（file I/O）

【是什么】

用于读取或写入文件。

【为什么用】

文件操作是数据持久化和数据分析中常见的需求。

【如何用】

```
with open('file.txt','r')as f:
    content=f.read()
```

注：打开名为 file.txt 的文件并读取其内容。

【注意事项】

初学者可能会忘记使用 with 语句，导致文件未正确关闭。或者在打开文件时使用错误的模式（如 w 而不是 r），导致数据丢失或覆盖。

15. 函数参数（function arguments）

【是什么】

用于给函数传递信息。

【为什么用】

参数使函数更加灵活和可重用。

【如何用】

```
def greet(name,greeting='Hello'):
    print(f"{greeting},{name}")
```

注：该函数接受一个必须参数 name 和一个可选参数 greeting。

【注意事项】

初学者可能会混淆位置参数和关键字参数，或者在函数定义和函数调用时不匹配参数数量，导致错误。

16. numpy 数组（numpy arrays）

【是什么】

多维数组对象。

【为什么用】

numpy 数组是科学计算和数据分析中的核心数据结构。

【如何用】

```
import numpy as np
arr=np.array([1,2,3])
```

注：创建一个包含三个元素的一维数组。

【注意事项】

初学者可能会混淆 Python 原生的列表和 numpy 数组，或者在不支持的数据类型之间进行操作，导致错误。

17. pandas DataFrame

【是什么】

二维标记数据结构。

【为什么用】

DataFrame 是数据分析和处理中最常用的数据结构之一。

【如何用】

```
import pandas as pd
df=pd.DataFrame({'A':[1,2,3],'B':[4,5,6]})
```

注：创建一个包含两列和三行的 DataFrame。

【注意事项】

初学者可能会在列选择或数据操作时使用错误的语法。例如，使用方括号而不是 .loc 或 .iloc，或者在没有排序的 DataFrame 上进行索引操作。

18. matplotlib：数据可视化

【是什么】

matplotlib 是一个数据可视化包。

【为什么用】

数据可视化有助于更好地理解和解释数据。

【如何用】

```
import matplotlib.pyplot as plt
plt.plot([1,2,3],[1,4,9])
plt.s
```

注：绘制一个简单的折线图。

【注意事项】

初学者可能会忘记调用 plt.s，导致图像不显示。或者使用不恰当的图形类型来表示数据。

19. scikit-learn（sklearn）：机器学习

【是什么】

scikit-learn 是一个用于数据挖掘和数据分析的机器学习包。

【为什么用】

用于构建和评估复杂的数据模型。

【如何用】

```
from sklearn.linear_model import LinearRegression
X=[[1],[2],[3]]
y=[1,2,3]
model=LinearRegression().fit(X,y)
```

注：使用线性回归模型对数据进行拟合。

【注意事项】

初学者可能会在没有进行数据预处理（如标准化或归一化）的情况下直接应用模型，导致模型性能不佳。

20. statsmodels：统计和经济学模型

【是什么】

statsmodels 是用于估计和检验统计模型的包。

【为什么用】

常用于更为正式的统计分析和假设检验。

【如何用】

```
import statsmodels.api as sm
X=[[1],[2],[3]]
y=[1,2,3]
X=sm.add_constant(X)
model=sm.OLS(y,X).fit()
```

注：使用普通最小二乘法（OLS）进行线性回归分析。

【注意事项】

初学者可能会忽略添加常数项（即截距），或者在没有充分理解模型假设的情况下应用模型。

附录 B 例题 R 语言版本代码

```r
# 安装必要的R包
install.packages("tidyverse")
install.packages("caret")
install.packages("stats")
install.packages("lmtest")
install.packages("car")
# 加载必要的库
library(tidyverse)
library(caret)
library(stats)
library(lmtest)
library(car)
# 1 读入数据
# 读取数据
data <- read.csv("Advertising.csv",header=TRUE)
head(data)
# 2 数据理解
# 使用ggplot2画出散点图矩阵,并添加回归线
ggpairs(data,columns=c("TV","radio","newspaper"),
    diag=list(continuous="densityDiag"),
    upper=list(continuous="smooth"),
    ylab="sales")
# 3 数据准备
# 构建特征矩阵和目标向量
Data <- data %>% select(-Number,-sales)
head(Data)
# 分离销售数据
sales <- data$sales
head(sales)
# 转换为向量
sales <- as.vector(sales)
# 4 模型构建
# 使用统计学方法进行线性回归
X_add_const <- cbind(1,as.matrix(Data))
myModel <- lm(sales~.,data=as.data.frame(X_add_const))
```

```r
summary(myModel)
# 拆分数据集为训练集和测试集
set.seed(1)
trainIndex <- createDataPartition(sales,p=.75,list=FALSE)
X_train <- Data[trainIndex,]
y_train <- sales[trainIndex]
X_test <- Data[-trainIndex,]
y_test <- sales[-trainIndex]
# 使用机器学习方法进行线性回归
linreg <- lm(sales~.,data=data.frame(sales=y_train,X_train))
summary(linreg)
# 查看模型系数和截距
coef(linreg)
# 评估模型准确度
y_pred <- predict(linreg,newdata=data.frame(X_test))
summary(y_pred)
# 5 模型预测
# 进行预测
y_pred
# 6 模型评价
# 绘制预测值和真实值
ggplot()+geom_line(aes(x=1:length(y_pred),y=y_pred,color="Predict"),size=1)+
 geom_line(aes(x=1:length(y_test),y=y_test,color="Test"),size=1)+
 labs(x="The number of sales",y="Value of sales")+
 scale_color_manual(values=c("Predict"="blue","Test"="red"))
# VIF 计算
# 计算 VIF
vif(linreg)
```